2025년 대비 전면 개정판

전기공사 산업기사

실기 파이널+단답형

윤조

편저 **김상훈**

건국대학교 전기공학과 졸업(공학박사)
現 엔지니어랩 전기분야 대표강사
現 ㈜일렉킴에듀 대표
現 인하공업전문대학 교수
現 대한전기학회 이사(정회원)
前 커넥츠 전기단기 전기분야 대표강사
前 NCS 전기분야 집필진
前 에듀윌 전기기사 대표강사
前 김상훈전기기술학원 원장
前 EBS 전기(산업)기사/전기공사(산업)기사 교수
前 한국조명설비학회 이사(정회원)

저서 : 『2025 회로이론』 외 기본서 시리즈 7종
『2025 전기기사 필기』 외 3종
『2025 전기기사 실기』 외 3종
『파이널 특강 – 전기기사 필기』 외 5종
『2025 전기기사 필기 7개년 기출문제집』 외 1종
『2025 전기기능사 필기 기출문제집』 외 1종
『2024 9급 공무원 전기직 전기이론』 외 5종
『2024 고등학교 교과서 전기설비』

감수 **한빛전기수험연구회**

동영상 강좌 수강

엔지니어랩 https://www.engineerlab.co.kr

2025 전기공사산업기사 실기 파이널 + 단답형 – 엄선된 기출문제 572선

초판 발행 2025년 4월 1일

편저자 김상훈
펴낸이 배용석
펴낸곳 도서출판 윤조
전화 050-5369-8829 / **팩스** 02-6716-1989
등록 2019년 4월 17일
ISBN 979-11-94702-01-6 13560
정가 23,000원

이 책에 대한 의견이나 오탈자 및 잘못된 내용에 대한 수정 정보는 아래 홈페이지와 이메일로 알려주시기 바랍니다.
홈페이지 www.yoonjo.co.kr / 이메일 customer@yoonjo.co.kr

이 책의 저작권은 김상훈과 도서출판 윤조에게 있습니다.
저작권법에 의해 보호를 받는 저작물이므로 무단 복제 및 무단 전재를 금합니다.

회차별 학습 체크 리스트

이제는 합격이다

회차별 학습 체크 리스트 ·········· 3
편저자/감수자의 말 ·········· 4

Part 01 전기공사산업기사 실기 필수 기출문제 151선

학습

01_엄선된 필수 기출문제 30선(5회 이상) ·········· 6　☐☐☐
02_엄선된 필수 기출문제 37선(4회 이상) ·········· 21　☐☐☐
03_엄선된 필수 기출문제 84선(3회 이상) ·········· 44　☐☐☐

Part 02 전기공사산업기사 실기 단답형 421선

전기공사산업기사 실기 단답형 문제 ·········· 98　☐☐☐

편저자의 말

1970년대 중반부터 시행된 전기 분야 국가기술자격시험은 일부 개정을 거쳐 현재에 이르고 있으며, 시험 합격을 위해서는 그에 맞는 전략과 노력이 필요합니다.

최근 5년 동안의 시험 경향을 보면 확실히 예전보다는 조금 어려워졌습니다. 예전처럼 그냥 외우는 방법으로는 어렵고, 이론을 이해해야 풀 수 있는 문제들이 많아지고 있기 때문입니다. 특히 필기시험은 출제 경향이 크게 다르지 않은데, 실기시험은 회차별로 난이도 차이가 크게 나고 예전보다 문제수도 늘어나 좀 더 세분화되었다고 볼 수 있습니다.

그러므로 합격의 전략은 새로운 경향을 찾는 것보다는 많이 출제되었던 기출문제를 공부하되 이론을 같이 공부하는 것이 빠른 합격에 유리할 수 있습니다.

또 전기기사 출제 경향을 합격자 수로 이야기하는 경우가 많지만, 작년에 합격자 수가 많았다고 해서 올해 꼭 적게 나오는 것은 아닙니다. 약간씩 출제 경향의 변화가 있지만 난이도는 거의 대동소이하며, 수급 조절은 3~5년으로 보기 때문에 수험생 스스로 섣부른 판단은 하지 않도록 해야 합니다.

필자는 10여 년 전부터 현재까지 오프라인 학원, 수많은 온라인 교육 및 EBS 강의를 진행하면서 많은 수험생을 접하며 그들이 가지고 있는 고충과 애로사항을 청취한 결과, 국가기술자격시험 합격을 위한 보다 쉽고 확실한 해법을 주기 위하여 이 교재를 집필하게 되었습니다.

본 수험서의 특징은 그간 어렵게 생각했던 문제를 쉽게 해설하여 수험생들이 혼자 공부할 수 있게 하고, 매년 출제 빈도를 반영하여 문제마다 별 표시를 해 중요 부분을 확인할 수 있게 함으로써 시험 대비 시 공부의 효율을 높이도록 한 점입니다.

아무쪼록 본 수험서로 공부하는 모든 분이 합격하시기를 기원하며, 마지막으로 본 수험서가 출간되기까지 큰 노력을 기울여주신 한빛전기수험연구회 여러분들과 도서출판 윤조 배용석 대표님께 감사의 말씀을 전합니다.

편저자 김상훈

감수자의 말

현대 사회에서 전기의 중요성은 날로 커지고 있으며, 일정한 자격을 갖춘 전문가들에 의해 여러 가지 기술의 개발과 발전이 이루어지고 있습니다. 이러한 전기 분야의 전문가를 국가기술자격시험을 통해 선발하기 때문에 이 시험의 비중이 날로 증가하고 있는 추세입니다.

우리 연구회 일동은 전기 분야 교육의 전문가이신 김상훈 박사가 책 출간 후 5년간의 노하우와 새로운 경향을 반영하는 개정 작업의 감수에 참여하게 되어 기쁜 마음으로 더욱더 좋은 책, 수험생들이 쉽게 이해할 수 있는 책이 되도록 노력하였습니다.

아무쪼록 본 수험서로 공부하는 수험생 모두가 합격하여 우리나라 전기 분야에 이바지하는 전문가들로 성장하기를 기원합니다.

한빛전기수험연구회 일동

PART **01**

전기공사산업기사 실기
엄선된 필수 기출문제 151선

1. 엄선된 필수 기출문제 30선(5회 이상 출제)
2. 엄선된 필수 기출문제 37선(4회 이상 출제)
3. 엄선된 필수 기출문제 84선(3회 이상 출제)

과년도 기출문제를 토대로 출제빈도 수에 따라 5회, 4회, 3회 이상 출제된 문제들만 엄선한 필수 기출문제입니다.

CHAPTER 01 엄선된 필수 기출문제 30선

5회 이상 출제

01 ★★★★★ 회로와 같은 단상 3선식 220/440[V]로 전열기 및 전동기에 전기를 공급하는 경우 설비의 불평형률[%]을 구하시오.

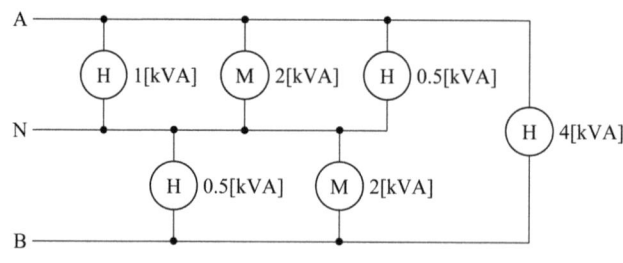

• 계산 :   • 답 :

Answer

계산 : 설비 불평형률 $= \dfrac{(1+2+0.5)-(0.5+2)}{\dfrac{1}{2}(1+2+0.5+0.5+2+4)} \times 100 = 20[\%]$ 답 : 20[%]

Explanation

단상 3선식 설비 불평형률

설비 불평형률 $= \dfrac{\text{중성선과 각 전압측 선간에 접속되는 부하설비용량[kVA]의 차}}{\text{총 부하설비용량[kVA]의 1/2}} \times 100[\%]$

여기서, 불평형률은 40[%] 이하이어야 한다.

02 ★★★★★ 6.6[kV], 3상 3선식 가공 배전선로 50[km], 2회선을 선로가 평탄한 도서 지역에 가선하려고 한다. 이때 필요한 전선의 실 소요량은?

• 계산 :   • 답 :

Answer

계산 : 전선 실 소요량 $= 50 \times 3 \times 2 \times 1.02 = 306[km]$ 답 : 306[km]

Explanation

전선 가선 시 소요량
• 고저차가 심한 경우 : 선로 긍장 × 전선 조수 × 1.03
• 고저차가 없는 경우 : 선로 긍장 × 전선 조수 × 1.02

03 ★★★★★ 배전 설계의 긍장이 50[m], 부하의 최대 사용 전류 150[A], 배전 설계의 전압강하 6[V]일 때, 3상 3선식 저압회로의 공칭 단면적을 계산하고, 전선규격[mm²]을 선정하시오.(단, 전선규격[mm²]은 16, 25, 35, 50, 70, 95, 120에서 선정)

• 계산 :   • 답 :

Answer

계산 : 3상 3선식 회로에서의 전선의 단면적은 $A = \dfrac{30.8LI}{1,000e} = \dfrac{30.8 \times 50 \times 150}{1,000 \times 6} = 38.5 [\text{mm}^2]$　　답 : 50[mm²]

Explanation

전압 강하 및 전선의 단면적 계산

전기 방식	전압 강하		전선 단면적	대상 전압강하
단상 3선식 직류 3선식 3상 4선식	IR	$e = \dfrac{17.8LI}{1,000A}$	$A = \dfrac{17.8LI}{1,000e}$	대지와 선간
단상 2선식 직류 2선식	$2IR$	$e = \dfrac{35.6LI}{1,000A}$	$A = \dfrac{35.6LI}{1,000e}$	선간
3상 3선식	$\sqrt{3}IR$	$e = \dfrac{30.8LI}{1,000A}$	$A = \dfrac{30.8LI}{1,000e}$	선간

여기서, e : 전압강하[V], A : 사용전선의 단면적[mm²]
　　　　L : 선로의 길이[m], C : 전선의 도전율(97[%])

KSC-IEC 전선 규격

전선의 공칭단면적[mm²]			
1.5	16	95	300
2.5	25	120	400
4	35	150	500
6	50	185	630
10	70	240	

04 ★★★★★ "연접인입선"의 정의를 설명하시오.

• 답 :

Answer

하나의 수용장소의 인입선 접속점에서 분기하여 지지물을 거치지 아니하고 다른 수용장소의 인입선 접속점에 이르는 전선

Explanation

(KEC 112조) 용어 정의
- 가공인입선이라 함은 가공전선로의 지지물에서 다른 지지물을 거치지 아니하고 수용장소의 인입선 접속점에 이르는 가공전선을 말한다.
- 연접인입선이라 함은 하나의 수용장소의 인입선 접속점에서 분기하여 지지물을 거치지 아니하고 다른 수용장소의 인입선 접속점에 이르는 전선을 말한다.

05 ★★★★★ 그림과 같이 전선관을 지중에 매설하려고 한다. 터파기(흙파기)량은 몇 [m³]인지 계산하시오. 단, 매설거리는 80[m]이고, 전선관의 면적은 무시한다.

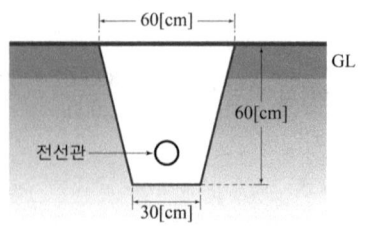

• 계산 :   • 답 :

 Answer

계산 : $V_o = \dfrac{0.6+0.3}{2} \times 0.6 \times 80 = 21.6 [\text{m}^3]$ 답 : $21.6[\text{m}^3]$

Explanation

터파기량 계산

줄기초 파기 : 전선관 매설 터파기량$[\text{m}^3] = \left(\dfrac{a+b}{2}\right) \times h \times$ 줄기초길이

06 ★★★★★ 110/220[V] 단상 3선식 전력을 공급받는 어느 수용가의 부하 연결이 다음 그림과 같은 경우 설비 불평형률을 계산하여 구하시오. 단, 소수점 이하 첫째자리에서 반올림할 것

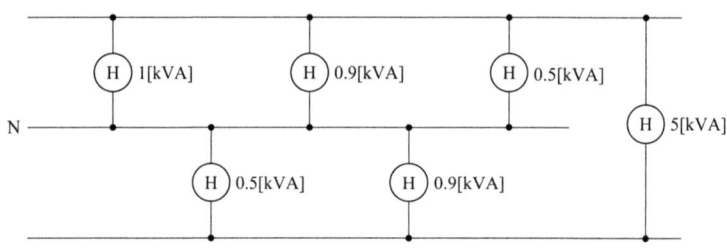

• 계산 :   • 답 :

Answer

계산 : 설비불평형률$= \dfrac{(1+0.9+0.5)-(0.5+0.9)}{(1+0.9+0.5+0.5+0.9+5) \times \dfrac{1}{2}} \times 100 = 22.73[\%]$ 답 : $23[\%]$

Explanation

단상 3선식 설비불평형률

설비불평형률 $= \dfrac{\text{중성선과 각 전압측 선간에 접속되는 부하설비용량}[\text{kVA}]\text{의 차}}{\text{총 부하설비용량}[\text{kVA}]\text{의 }1/2} \times 100[\%]$

여기서, 불평형률은 40[%] 이하이어야 한다.

07 ★★★★★ 작업장의 크기가 가로 8[m], 세로 10[m], 바닥에서 천장까지 4[m]인 작업장에 조명기구를 설치한다면 실지수를 계산하여 구하여라. 단, 모든 작업대는 바닥에서 0.75[m] 높이에 설치한다.

• 계산 :   • 답 :

Answer

계산 : $R \cdot I = \dfrac{X \cdot Y}{H(X+Y)} = \dfrac{8 \times 10}{(4-0.75) \times (8+10)} = 1.37$ 답 : 1.25

Explanation

실지수(방지수) $= \dfrac{XY}{H(X+Y)}$

여기서, H : 등의 높이-작업면 높이[m]
  X : 방의 가로[m]
  Y : 방의 세로[m]

• 실지수표

기호	A	B	C	D	E	F	G	H	I	J
실지수	5.0	4.0	3.0	2.5	2.0	1.5	**1.25**	1.0	0.8	0.6
범위	4.5 이상	4.5~3.5	3.5~2.75	2.75~2.25	2.25~1.75	1.75~1.38	**1.38~1.12**	1.12~0.9	0.9~0.7	0.7 이하

08 ★★★★★
특고압 가공 수전선로를 3상 4선식(22.9[kV-Y])으로 공급받는 건물 내 변전소의 인입구에 설치하는 피뢰기의 정격 전압을 적어라.

• 답 :

Answer

18[kV]

Explanation

(내선규정 3,250-1) 피뢰기의 정격 전압

전력계통		피뢰기 정격 전압[kV]	
전압 [kV]	중성점 접지방식	변전소	배전선로
345	유효접지	288	-
154	유효접지	144	-
66	PC 접지 또는 비접지	72	-
22	PC 접지 또는 비접지	24	-
22.9	3상 4선 다중접지	21	18

[주] 전압 22.9[kV] 이하의 배전선로에서 수전하는 설비의 피뢰기 정격 전압[kV]은 배진신로용을 적용한나.

09 ★★★★★
다음 그림과 같이 A지점에 80[A], B지점에 50[A], C지점에 30[A]의 전류가 흐를 때 부하 중심점의 거리를 산출하시오.

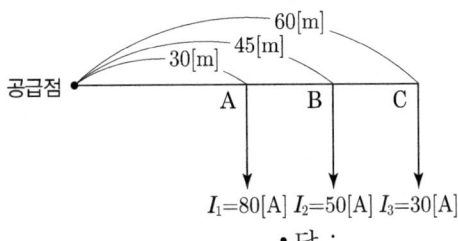

• 계산 :   • 답 :

Answer

계산 : 직선 부하에서의 부하 중심점까지의 거리

$$L = \frac{L_1 I_1 + L_2 I_2 + L_3 I_3}{I_1 + I_2 + I_3} = \frac{30 \times 80 + 45 \times 50 + 60 \times 30}{80 + 50 + 30} = 40.31[\text{m}]$$

답 : 40.31[m]

Explanation

직선 부하의 부하 중심점까지의 거리 $L = \dfrac{L_1 I_1 + L_2 I_2 + L_3 I_3 + \cdots}{I_1 + I_2 + I_3 + \cdots}$

---

10 ★★★★★

그림은 옥내 배선용 콘센트 심벌(그림기호)이다. 각 콘센트를 구분하여 명칭을 쓰시오.

① ⊙T   ② ⊙H
③ ⊙WP   ④ ⊙EX

Answer

① ⊙T : 걸림형   ② ⊙H : 의료용   ③ ⊙WP : 방수형   ④ ⊙EX : 방폭형

Explanation

(KS C 0301) 옥내배선용 그림기호 콘센트

명칭	그림기호	적요
콘센트	⊙	① 천장에 부착하는 경우는 다음과 같다. ⊙ ② 바닥에 부착하는 경우는 다음과 같다. ⊙ ③ 용량의 표시방법은 다음과 같다. 　a. 15[A]는 방기하지 않는다. 　b. 20[A] 이상은 암페어 수를 표기한다. [보기] ⊙20A ④ 2구 이상인 경우는 구수를 표기한다. [보기] ⊙2 ⑤ 3극 이상인 것은 극수를 표기한다. [보기] ⊙3P ⑥ 종류를 표시하는 경우는 다음과 같다. 　빠짐방지형　　⊙LK 　걸림형　　　　⊙T 　접지극붙이　　⊙E 　접지단자붙이　⊙ET 　누전차단기붙이 ⊙EL ⑦ 방수형은 WP를 표기한다. ⊙WP ⑧ 방폭형은 EX를 표기한다. ⊙EX ⑨ 의료용은 H를 표기한다. ⊙H

---

11 ★★★★★

특고압 가공 전선로 중 지지물로서 전선로를 보강하기 위하여 세워지는 철탑으로, 직선 철탑이 다수 연속될 경우에는 약 10기마다 1기의 비율로 설치되며, 서로 인접하는 경간의 길이가 크게 달라 지나친 불평형 장력이 가해지는 경우 등에 설치되는 철탑은 무엇인지 적으시오.

• 답 :

Answer

내장형 철탑

> **Explanation**

사용목적에 의한 분류(표준형 철탑)
- 직선형 : 선로의 직선 또는 수평 각도 3° 이내의 장소에 사용, A형 철탑
- 각도형 : 선로의 수평 각도 3° 이상 20° 이하에 설치되는 철탑, 경각도 철탑은 B형, 선로의 수평 각도 3° 이상 30°이하에 설치되는 중각도 철탑은 C형
- 인류형 : 가공선로의 전체 가섭선을 인류하는 개소(주로 변전소)에 사용되는 철탑, D형 철탑
- 내장형 : 전선로를 보강하기 위하여 세워지는 철탑
  직선 철탑 10기마다 1기를 시설, 장경간 개소에 시설, E형 철탑
- 보강형 : 전선로의 직선 부분에 보강을 위해 사용하는 철탑

12. 예비전원으로 이용되는 축전지에 대한 물음에 답하시오.

(1) 축전지 설비를 설치할 경우 설비구성을 4가지만 적으시오.
  - ・
  - ・
  - ・
  - ・

(2) 연축전지의 공칭전압(V/cell)을 적으시오.

> **Answer**

(1) ① 축전지 ② 보안 장치
    ③ 제어 장치 ④ 충전 장치
(2) 2[V/cell]

> **Explanation**

- 납(연)축전지 : 2.0[V/cell], 10[Ah]
  알칼리 축전지 : 1.2[V/cell], 5[Ah]
- 축전지 설비 : 축전지, 보안 장치, 제어 장치, 충전 장치

13. 다음 ( )안에 들어갈 알맞은 내용을 답란에 적으시오.

공사 원가는 순공사 원가, (①), (②), 부가가치세로 구성되며 이 중 순공사 원가는 (③), (④), (⑤)의 합계이다.

① ②
③ ④
⑤

> **Answer**

① : 일반관리비 ② : 이윤
③ : 재료비   ④ : 노무비
⑤ : 경비

> **Explanation**

- 순공사원가 : 재료비, 노무비, 경비
- 총공사원가 : 재료비, 노무비, 경비, 일반관리비, 이윤, 부가가치세

14 전선의 소요량 계산에서 전선 가선 시 선로의 고저가 심할 때 산출하는 식을 쓰시오.

• 답 :

Answer
선로 긍장 × 전선 조수 × 1.03

Explanation
전선 가선 시 소요량
- 고저차가 심한 경우: 선로 긍장 × 전선 조수 × 1.03
- 고저차가 없는 경우: 선로 긍장 × 전선 조수 × 1.02

15 분전반에서 40[m] 떨어진 회로의 끝에서 단상 2선식 220[V], 전열기 8,800[W] 2대 사용 시 비닐절연 전선의 공칭단면적을 아래 표에서 산정하시오. (단, 전압강하는 2[%] 이내로 하고, 전류감소계수는 없는 것으로 함)

비닐절연전선의 공칭단면적(mm²)						
2.5	6	10	16	25	35	50

• 계산 : • 답 :

Answer

계산 : $A = \dfrac{35.6LI}{1,000 \cdot e} = \dfrac{35.6 \times 40 \times \dfrac{8,800 \times 2}{220}}{1,000 \times 220 \times 0.02} = 25.89\,[\text{mm}^2]$ 답 : 35[mm²]

Explanation
전압강하 및 전선의 단면적 계산

전기 방식	전압 강하	전선 단면적	대상 전압강하
단상 3선식 직류 3선식 3상 4선식	IR	$e = \dfrac{17.8LI}{1,000A}$	$A = \dfrac{17.8LI}{1,000e}$	대지와 선간
단상 2선식 직류 2선식	$2IR$	$e = \dfrac{35.6LI}{1,000A}$	$A = \dfrac{35.6LI}{1,000e}$	선간
3상 3선식	$\sqrt{3}\,IR$	$e = \dfrac{30.8LI}{1,000A}$	$A = \dfrac{30.8LI}{1,000e}$	선간

여기서, e : 전압강하[V], A : 사용전선의 단면적[mm²]
L : 선로의 길이[m], C : 전선의 도전율(97[%])

KSC-IEC 전선 규격

전선의 공칭단면적[mm²]			
1.5	16	95	300
2.5	25	120	400
4	35	150	500
6	50	185	630
10	70	240	

16 연축전지의 정격 용량은 350[Ah]이고, 상시부하가 8[kW]이며, 표준 전압이 100[V]인 부동충전방식 충전기의 2차전류는 몇 [A]인지 구하시오.(단, 축전지의 공칭용량은 10시간율로 계산함)

• 계산 :   • 답 :

Answer

계산 : $I = \dfrac{350}{10} + \dfrac{8,000}{100} = 115[A]$ 답 : 115[A]

Explanation

부동충전
축전지의 자기방전을 보충하는 동시에 상용 부하에 대한 전력 공급은 충전기가 부담하고 충전기가 부담하기 어려운 일시적인 대전류 부하는 축전지가 부담하도록 하는 방식

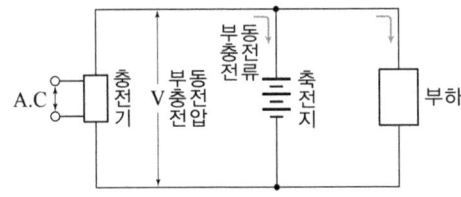

충전기 2차 전류[A] = $\dfrac{축전지\ 용량[Ah]}{정격\ 방전율[h]} + \dfrac{상시\ 부하\ 용량[VA]}{표준전압[V]}$

17 방 면적(9[m]×12[m])의 평균조도를 200[lx]로 하고자 한다. 32[W] 형광등(광속 2,450[lm])은 몇 개를 시설하여야 하는지 구하시오. 단, 감광보상율 1.4, 조명률 70[%]이다.

• 계산 :   • 답 :

Answer

계산 : 등수 $N = \dfrac{ESD}{FU} = \dfrac{200 \times 9 \times 12 \times 1.4}{2,450 \times 0.7} = 17.63$[등]   답 : 18[등]

Explanation

조명계산
$FUN = ESD$
여기서, F[lm] : 광속, U : 조명률, N : 등수
E[lx] : 조도, $S[m^2]$: 면적, $D = \dfrac{1}{M}$: 감광보상율 = $\dfrac{1}{보수율}$

등수 $N = \dfrac{ESD}{FU}$ 이며 등수계산은 소수점은 무조건 절상한다.

18 변전실의 위치 선정 조건을 5가지만 적으시오.

•
•
•
•
•

Answer

① 부하 중심에 가까울 것
② 인입선의 인입이 쉽고 보수유지 및 점검이 용이한 곳
③ 간선 처리 및 증설이 용이한 곳
④ 기기 반·출입에 지장이 없을 것
⑤ 침수, 기타 재해 발생의 우려가 적은 곳

Explanation

그 외에도,
⑥ 화재, 폭발 위험성이 적을 것
⑦ 습기, 먼지가 적은 곳
⑧ 열해, 유독가스의 발생이 적을 것
⑨ 발전기, 축전지 실이 가급적 인접한 곳
⑩ 장래부하 증설에 대비한 면적 확보가 용이한 곳
⑪ 기기 높이에 대하여 천장 높이가 충분한 곳
⑫ 채광 및 통풍이 잘되는 곳

19 피뢰설비 방식을 3가지만 적으시오.

Answer

① 돌침 방식　　② 케이지 방식　　③ 수평도체 방식

Explanation

피뢰 방식의 기술
① 돌침방식 : 일반건축물 60° 이하 또는 위험물을 취급하는 건물 45° 이하 공중에 돌출하게 한 봉상(棒狀)금속체를 수뢰부로 하는 것
② 용마루위 도체 방식 : 일반건축물 60° 이하 또는 도체에서 수평거리 10[m] 이내 부분
③ 케이지(Cage)방식 : 건조물 주위를 피뢰도선으로 감싸는 방식으로 완전 보호되는 방식
④ 독립피뢰침
⑤ 독립 가공지선

20 가공전선로용 애자의 종류를 4가지만 적으시오.

Answer

핀애자, 현수애자, 라인포스트 애자, 인류애자

Explanation

- 핀 애자 : 직선 선로에 사용
- 현수애자 : 인류 및 내장 개소에 사용
- 라인포스트 애자 : 연가용 철탑 등에서 점퍼선 지지
- 인류 애자 : 인류 개소 및 배전선로의 중성선

21 콘센트의 그림기호를 보고 각각의 용도를 쓰시오.

① ⊙H ② ⊙LK
③ ⊙ET ④ ⊙EX
⑤ ⊙WP

Answer

① 의료용 ② 빠짐 방지형 ③ 접지단자붙이
④ 방폭형 ⑤ 방수형

Explanation

(KS C 0301) 옥내배선용 그림기호 콘센트

명칭	그림기호	적요
콘센트	⊙	① 천장에 부착하는 경우는 다음과 같다. ⊙ ② 바닥에 부착하는 경우는 다음과 같다. ⊙ ③ 용량의 표시방법은 다음과 같다. 　a. 15[A]는 방기하지 않는다. 　b. 20[A] 이상은 암페어 수를 표기한다.　[보기] ⊙20A ④ 2구 이상인 경우는 구수를 표기한다.　[보기] ⊙2 ⑤ 3극 이상인 것은 극수를 표기한다.　[보기] ⊙3P ⑥ 종류를 표시하는 경우는 다음과 같다. 　빠짐방지형　　⊙LK 　걸림형　　　　⊙T 　접지극붙이　　⊙E 　접지단자붙이　⊙ET 　누전차단기붙이 ⊙EL ⑦ 방수형은 WP를 표기한다.　⊙WP ⑧ 방폭형은 EX를 표기한다.　⊙EX ⑨ 의료용은 H를 표기한다.　⊙H

22 분전반에서 40[m]의 거리에 3[kW]의 교류 단상 220[V](2선식) 전열기를 설치하여 전압강하를 2[%] 이내가 되도록 하기 위한 전선의 굵기를 계산하고 선정하시오.

• 계산 :　　　　　　　　　　　　• 답 :

Answer

계산 : $A = \dfrac{35.6LI}{1,000 \cdot e} = \dfrac{35.6 \times 40 \times \dfrac{3,000}{220}}{1,000 \times 220 \times 0.02} = 4.41[\mathrm{mm}^2]$　　　　답 : $6[\mathrm{mm}^2]$

Explanation

전압강하 및 전선의 단면적 계산

전기 방식	전압 강하	전선 단면적		대상 전압강하
단상 3선식 직류 3선식 3상 4선식	IR	$e = \dfrac{17.8LI}{1,000A}$	$A = \dfrac{17.8LI}{1,000e}$	대지와 선간
단상 2선식 직류 2선식	$2IR$	$e = \dfrac{35.6LI}{1,000A}$	$A = \dfrac{35.6LI}{1,000e}$	선간
3상 3선식	$\sqrt{3}\,IR$	$e = \dfrac{30.8LI}{1,000A}$	$A = \dfrac{30.8LI}{1,000e}$	선간

여기서, e : 전압강하[V], A : 사용전선의 단면적 [mm²], L : 선로의 길이 [m], C : 전선의 도전율(97 [%])

KSC-IEC 전선 규격

전선의 공칭단면적 [mm²]			
1.5	16	95	300
2.5	25	120	400
4	35	150	500
6	50	185	630
10	70	240	

23 ★★★★★ 가공전선로에 사용되는 전선의 구비 조건을 5가지만 쓰시오.

-
-
-
-
-

Answer

① 도전율이 높을 것 ② 기계적인 강도가 클 것
③ 내구성이 있을 것 ④ 비중이 작을 것
⑤ 가선작업이 용이할 것

Explanation

가공전선의 구비조건
- 도전율이 클 것
- 기계적 강도가 클 것
- 비중(밀도)이 작을 것
- 가선공사(접속)가 쉬울 것
- 부식성이 작을 것
- 유연성(가공성)이 좋을 것
- 경제적일 것

24 ★★★★★ 그림과 같은 회로에서 전원을 개폐하고자 한다. 이 경우 단로기와 차단기의 조작 순서를 적으시오.

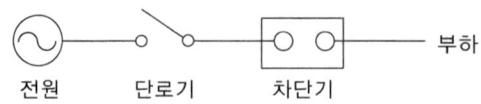

전원   단로기   차단기

- 전원투입 순서 :   →
- 전원차단 순서 :   →

Answer

전원투입 순서 : 단로기 → 차단기
전원차단 순서 : 차단기 → 단로기

Explanation

인터록(Interlock)
차단기가 열려 있어야만 단로기 조작 가능
- 급전 시 : DS → CB
- 정전 시 : CB → DS
- 급전 시 : DS → CB
- 정전 시 : CB → DS

25 ★★★★★
가로 20[m], 세로 30[m], 천장 높이 4.5[m]인 사무실에 전등설비를 하고자 한다. 사무실의 실지수를 계산하여 구하시오.

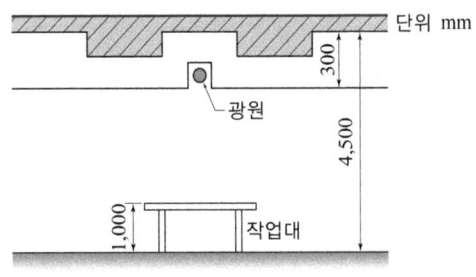

- 계산 :   • 답 :

Answer

계산 : 실지수 $(R \cdot I) = \dfrac{XY}{H(X+Y)} = \dfrac{20 \times 30}{(4.5-0.3-1) \times (20+30)} = 3.75$ 답 : 4.0

Explanation

- 실지수(방지수) $= \dfrac{XY}{H(X+Y)}$

  여기서, H : 등의 높이－작업면 높이[m]
  X : 방의 가로[m]
  Y : 방의 세로[m]

여기서, 등 높이 $H = 4.5 - 0.3 - 1$[m]

- 실지수표

기호	A	B	C	D	E	F	G	H	I	J
실지수	5.0	4.0	3.0	2.5	2.0	1.5	1.25	1.0	0.8	0.6
범위	4.5 이상	4.5~3.5	3.5~2.75	2.75~2.25	2.25~1.75	1.75~1.38	1.38~1.12	1.12~0.9	0.9~0.7	0.7 이하

26 ★★★★★

3상 3선식 380[V] 회로에 그림과 같이 2.2[kW], 7.5[kW], 50[kW]의 전동기와 5[kW]의 전열기가 접속되어 있다. 간선의 소요 허용전류[A]를 구하시오. 단, 전동기의 평균역률은 75[%]이다.

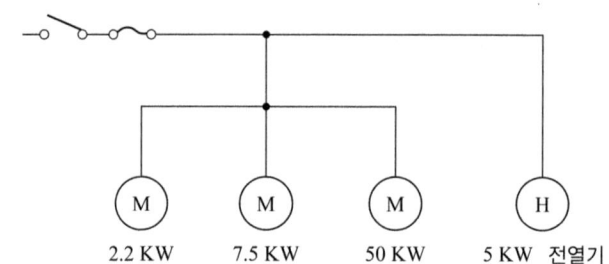

• 계산 :   • 답 :

Answer

계산 : 전동기 정격 전류의 합 $\sum I_M = \dfrac{(2.2+7.5+50) \times 10^3}{\sqrt{3} \times 380 \times 0.75} = 120.94[A]$

전동기의 유효 전류 $I_r = 120.94 \times 0.75 = 90.71[A]$

전동기의 무효 전류 $I_q = 120.94 \times \sqrt{1-0.75^2} = 79.99[A]$

전열기 정격 전류의 합 $\sum I_H = \dfrac{5 \times 10^3}{\sqrt{3} \times 380 \times 1} = 7.6[A]$

전열기는 역률이 1이므로 유효분 전류만 있으며

회로의 설계전류 $I_B = \sqrt{(90.71+7.6)^2 + 79.99^2} = 126.74[A]$

간선의 허용전류 $I_B \leq I_n \leq I_Z$ 에서 $I_Z \geq 126.74[A]$

답 : 126.74[A]

Explanation

과부하전류에 대한 보호

① 도체와 과부하 보호장치 사이의 협조

과부하에 대해 케이블(전선)을 보호하는 장치의 동작 특성

- $I_B \leq I_n \leq I_Z$
- $I_2 \leq 1.45 \times I_Z$

여기서, I_B : 회로의 설계전류

I_Z : 케이블의 허용전류

I_n : 보호장치의 정격전류

I_2 : 보호장치가 규약시간 이내에 유효하게 동작하는 것을 보장하는 전류

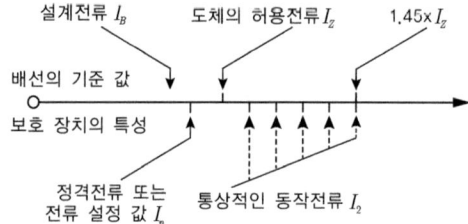

27 바닥 면적이 200[m²]인 교실에 전광속 2,500[lm]의 40[W] 형광등을 60등 시설하면 평균 조도는 얼마나 되는지 답하시오.(단, 조명률 50[%], 보수율 0.8로 계산)

- 계산 :
- 답 :

Answer

계산 : $E = \dfrac{FUN}{SD} = \dfrac{2{,}500 \times 0.5 \times 60}{200 \times \dfrac{1}{0.8}} = 300[\text{lx}]$

답 : 300[lx]

Explanation

조명 계산
$FUN = ESD$
여기서, $F[\text{lm}]$: 광속, $U[\%]$: 조명률, $N[\text{등}]$: 등수

$E[\text{lx}]$: 조도, $S[\text{m}^2]$: 면적, $D = \dfrac{1}{M}$: 감광 보상률 = $\dfrac{1}{\text{보수율}}$

등수 $N = \dfrac{ESD}{FU}$ 이며 등수 계산에서 소수점은 무조건 절상한다.

---

28 50[mm²]의 경동연선을 사용해서 높이가 같고 경간이 330[m]인 철탑에 가선하는 경우 이도는 얼마인가? 단, 이 경동연선의 인장하중은 1,430[kgf], 안전율은 2.2이고 전선 자체의 무게는 0.348[kgf/m]라고 한다.

- 계산 :
- 답 :

Answer

계산 : $D = \dfrac{WS^2}{8T} = \dfrac{0.348 \times 330^2}{8 \times \dfrac{1{,}430}{2.2}} = 7.29[\text{m}]$

답 : 7.29[m]

Explanation

- 이도 : $D = \dfrac{WS^2}{8T} = \dfrac{WS^2}{8 \times \dfrac{\text{인장하중}}{\text{안전율}}}$

- 실제 길이 : $L = S + \dfrac{8D^2}{3S}$

여기서, L : 전선의 실제 길이[m]
D : 이도[m]
S : 경간[m]

---

29 노출배관공사 시 관을 직각으로 굽히는 곳에 사용하는 재료의 명칭을 쓰시오.

- 답 :

Answer

유니버설 엘보우(Universal elbow)

Explanation

금속관 공사용 부품

명칭	사용 용도
로크너트(lock nut)	관과 박스를 접속하는 경우 파이프 나사를 죄어 고정시키는 데 사용
부싱(bushing)	전선 관단에 끼우고 전선을 넣거나 빼는 데 있어서 전선의 피복을 보호하여 전선이 손상되지 않게 하는 것
커플링(coupling)	• 금속관 상호 접속 또는 관과 노멀 밴드와의 접속에 사용 • 관의 양측을 돌려서 접속할 수 없는 경우 : 유니온 커플링
새들(saddle)	노출 배관에서 금속관을 조영재에 고정시키는 데 사용
노멀 밴드(normal bend)	배관의 직각 굴곡에 사용
링 리듀서	금속을 아웃렛 박스의 로크 아웃에 취부할 때 로크아웃의 구멍이 관의 구멍보다 클 때 사용
유니버설 엘보우 (elbow)	• 노출 배관공사에 관을 직각으로 굽혀야 할 곳의 관 상호 접속 또는 관을 분기해야 할 곳에 사용 • 3방향으로 분기하는 T형 엘보우, 4방향으로 분기하는 크로스 엘보우

30 ★★★★★ 어느 공장의 수전설비 공사를 시행하는데 재료비 20,000,000원, 노무비 15,000,000원, 경비 10,000,000원이었다. 이 공사를 공사원가 계산 방법에 의하여 일반관리비와 이윤을 계산하시오. 일반관리비 6[%], 이윤은 15[%]로 보고 계산한다.

• 일반관리비 :   • 이윤 :

Answer

일반관리비 = (20,000,000+15,000,000+10,000,000)×0.06 = 2,700,000[원]
이윤 = (15,000,000+10,000,000+2,700,000)×0.15 = 4,155,000[원]

Explanation

(1) 일반관리비

종합공사		전문·전기·정보통신·소방 및 기타공사	
공사원가	일반관리비율[%]	공사원가	일반관리비율[%]
50억 미만 50억원~300억원 미만 300억원 이상	6.0 5.5 5.0	5억원 미만 5억원~30억원 미만 30억원 이상	6.0 5.5 5.0

(2) 이윤=(노무비+경비+일반관리비)×15[%]

CHAPTER 02 엄선된 필수 기출문제 37선

4회 이상 출제

01 ★★★★☆
활선 클램프란 무엇인지 간단히 설명하시오.

• 답 :

Answer
가공배전선로의 장력이 걸리지 않는 장소에서 분기고리와 기기 리드선을 결선하는데 사용한다.

Explanation
활선 클램프(Live-Wire-Clamps)
한전표준규격 : ES-5999-0006

02 ★★★★☆
단상 2선식 100[V]의 옥내배선에서 소비전력 40[W], 역률 75[%]의 형광등 100등을 설치하고자 한다. 이때의 분기회로를 16[A] 분기회로로 할 때 분기회로의 최소 수는 몇 회선인가? 단, 1개 회로의 부하 전류는 분기회로 용량의 90[%]로 하고 수용률은 100[%]로 한다.

• 계산 : • 답 :

Answer
계산 : 분기회로 수 $N = \dfrac{\dfrac{40}{0.75} \times 100}{100 \times 16 \times 0.9} = 3.70$

답 : 16[A] 분기 4회로

Explanation
부하상정 및 분기회로
부하의 상정
부하설비용량 $= PA + QB + C$
여기서, P : 건축물의 바닥 면적 [m²] (Q 부분 면적 제외)
　　　　Q : 별도 계산할 부분의 바닥 면적 [m²]
　　　　A : P 부분의 표준 부하 [VA/m²]
　　　　B : Q 부분의 표준 부하 [VA/m²]
　　　　C : 가산해야 할 부하 [VA]

분기회로 수 $= \dfrac{\text{표준 부하 밀도[VA/m²]} \times \text{바닥 면적[m²]}}{\text{전압[V]} \times \text{분기회로의 전류[A]}}$

[주1] 계산결과에 소수가 발생하면 절상한다.
[주2] 220[V]에서 3[kW] (110[V] 때는 1.5[kW])를 초과하는 냉방기기, 취사용 기기 등 대형 전기 기계기구를 사용하는 경우에는 단독분기회로를 사용하여야 한다.
※ 분기회로 전류는 보통 문제에서 주어지지 않으면 16[A] 분기회로임

03 페란티 현상에 대해 설명하시오.

• 답 :

Answer

무부하시 선로의 정전용량에 의한 진상전류 때문에 수전단의 전압이 송전단의 전압보다 높아지는 현상

Explanation

페란티 현상
선로의 경부하(무부하) 시 정전용량에 의해서 송전단 전압보다 수전단 전압이 높아지는 현상으로 장거리선로와 지중케이블 선로에서는 정전용량이 크기 때문에 특히 무부하 충전 시 문제가 발생되며 부하역률은 지상역률로 중 부하시에는 전류가 전압 보다 위상이 뒤지지만 지중전선로의 경부하시나 가공전선로의 무부하 충전 시 진상전류가 흐르게 되는 현상으로 분로 리액터를 대책으로 한다.
분로 리액터(Shunt Reactor)
분로 리액터는 페란티 현상을 방지하기 위하여 주요 변전소에 설치되며 지상전력 공급을 통하여 무효분을 조정

04 최대 전류 40[A]의 특고압 수전의 변류기가 60/5[A]로 되어 있다. 최대 전류의 1.2배에서 차단기가 동작되는 경우 과전류 계전기의 전류를 구하고 전류 탭을 선정하시오. 단, 과전류 계전기의 전류 탭은 4[A], 5[A], 6[A], 7[A], 8[A], 10[A], 12[A]로 되어 있다.

• 계산 :   • 답 :

Answer

계산 : $I_t = 40 \times \dfrac{5}{60} \times 1.2 = 4[A]$ 답 : 4[A]

Explanation

과전류 계전기의 전류탭
OCR tap = 1차 전류 × $\dfrac{1}{CT비}$ × 탭 정정배수

05 변압기의 병렬 운전 조건 4가지를 쓰고, 이들 조건이 맞지 않을 경우에 어떤 현상이 나타나는지 서술하시오.

(1) 병렬 운전 조건

• •
• •

(2) 조건이 맞지 않는 변압기를 병렬 운전하였을 경우 변압기에 미치는 영향

Answer

병렬운전 조건	조건이 맞지 않는 경우
① 1, 2차 정격 전압 및 권수비가 같을 것	순환전류가 흘러 권선이 가열
② 극성이 일치 할 것	큰 순환 전류가 흘러 권선이 소손
③ %임피던스 강하(임피던스 전압)가 같을 것	부하의 분담이 용량의 비가 되지 않아 부하의 부담이 균형을 이룰 수 없다.
④ 내부 저항과 누설 리액턴스의 비가 같을 것	각 변압기의 전류 간에 위상차가 생겨 동손이 증가

Explanation

변압기 병렬 운전 조건
- 극성 및 권수비가 같을 것
- 1, 2차 정격 전압이 같을 것(용량, 출력 무관)
- %강하가 같을 것
- 변압기 내부저항과 리액턴스의 비가 같을 것
- 상회전 방향과 각 변위가 같을 것(3상 변압기)

06 공사원가 구성에 관하여 아래의 답안에 적당한 비목을 완성하시오.

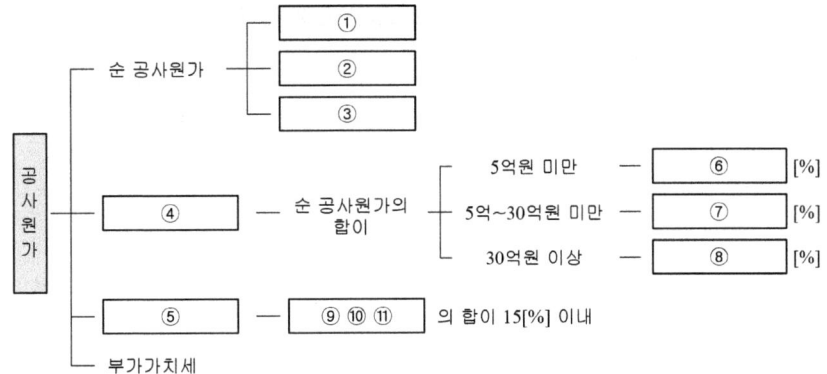

① :   ② :   ③ :   ④ :
⑤ :   ⑥ :   ⑦ :   ⑧ :
⑨ :   ⑩ :   ⑪ :

Answer

① 재료비   ② 노무비
③ 경비   ④ 일반관리비
⑤ 이윤   ⑥ 6
⑦ 5.5   ⑧ 5
⑨ 노무비   ⑩ 경비
⑪ 일반관리비

Explanation

- 순 공사원가 : 재료비, 노무비, 경비
- 총 공사원가 : 재료비, 노무비, 경비, 일반관리비, 이윤
- 일반관리 비율

종합공사		전문·전기·정보통신·소방 및 기타공사	
공사원가	일반관리비율[%]	공사원가	일반관리비율[%]
50억 미만	6.0	5억원 미만	6.0
50억원~300억원 미만	5.5	5억원~30억원 미만	5.5
300억원 이상	5.0	30억원 이상	5.0

07 PBD 그림기호의 명칭은?

- 답 :

Answer

플러그인 버스 덕트

Explanation

(KS C 0301) 옥내배선용 그림 기호

명칭	그림기호	적요
버스 덕트		① 필요에 따라 다음 사항을 표시한다. • 피드 버스 덕트　　　　FBD 　플러그인 버스 덕트　　PBD 　트롤리 버스 덕트　　　TBD • 방수형인 경우는 WP • 전기방식, 정격전압, 정격전류 　보기 : ▬▬▬▬ 　　　　FBD3φ　3W　300V　600A ② 익스팬션을 표시하는 경우는 다음과 같다. ③ 옵셋을 표시하는 경우는 다음과 같다. ④ 탭붙이를 표시하는 경우는 다음과 같다. ⑤ 상승, 인하를 경우는 다음과 같다. 　상승　　　　　　　　인하 ⑥ 필요에 따라 정격전류에 의해 나비를 바꾸어 표시하여도 좋다.

08 ★★★★☆ 그림은 어느 생산공장의 수전설비의 계통도이다. 이 계통도와 뱅크의 부하용량표, 변류기 규격표를 보고 다음 각 물음에 답하시오.

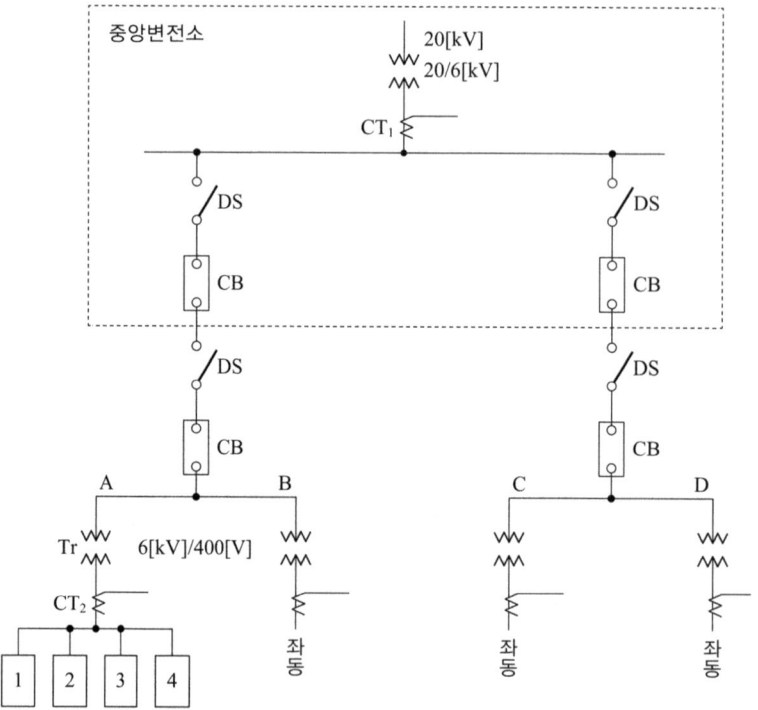

[뱅크의 부하 용량표]

피더	부하 설비 용량[kW]	수용률[%]
1	125	80
2	125	80
3	500	70
4	600	84

[변류기 규격표]

항목	변류기
정격 1차 전류[A]	5, 15, 20, 30, 40 50, 75, 100, 150, 200 300, 400, 500, 600, 750 1,000, 1,500, 2,000, 2,500
정격 2차 전류[A]	5

(1) A, B, C, D 4개의 뱅크에 같은 부하가 걸려 있으며, 각 뱅크의 부등률은 1.1이고 전부하 합성 역률은 0.8이다. 중앙 변전소의 변압기 용량을 표준 규격으로 답하시오.
 • 계산 : • 답 :
(2) 변류기 CT_1, CT_2의 변류비를 구하시오. 단, 1차 수전전압은 20,000/6,000[V], 2차 수전전압은 6,000/400[V]이며, 변류비는 표준 규격으로 답하고, 전류비 값의 1.25배로 결정한다.
 ① CT_1의 변류비
  • 계산 : • 답 :
 ② CT_2의 변류비
  • 계산 : • 답 :

Answer

(1) 계산 : A 뱅크의 최대 수요 전력 $= \dfrac{125 \times 0.8 + 125 \times 0.8 + 500 \times 0.7 + 600 \times 0.84}{1.1 \times 0.8} = 1,197.73\,[\text{kVA}]$

A, B, C, D 각 뱅크 간의 부등률은 없으므로
중앙 변전소 변압기 용량 $= 1,197.73 \times 4 = 4,790.92\,[\text{kVA}]$ 답 : 표준 용량 5,000[kVA]

(2) ① CT_1의 변류비

$I_1 = \dfrac{4,790.92 \times 10^3}{\sqrt{3} \times 6,000} \times 1.25 = 576.26\,[\text{A}]$

표에서 600/5 선정 답 : 600/5

② CT_2의 변류비

$I_1 = \dfrac{1,197.73 \times 10^3}{\sqrt{3} \times 400} \times 1.25 = 2,160.97\,[\text{A}]$ 답 : 2,000/5

Explanation

(1) 변압기 용량[kVA] $= \dfrac{\text{설비용량[kVA]} \times \text{수용률}}{\text{부등률}} = \dfrac{\text{설비용량[kW]} \times \text{수용률}}{\text{부등률} \times \text{역률}}\,[\text{kVA}]$

문제에서는 변압기 용량을 구하라고 했으므로 정격으로 답해야 한다.

(2) 보통의 경우 CT 비 : 1차 전류×(1.25~1.5)
 ① CT_1의 위치가 중앙 변전소 변압기 2차 측에 있으므로 전압은 6,000[V]를 기준으로 계산
 ② CT_2의 위치가 부하 A 변압기 2차 측에 있으므로 전압은 400[V]를 기준으로 계산

여기서, CT2의 1차 전류가 2,160.97[A]이므로 2,500[A]으로 할 수 있으나 이 경우 실제 부하전류와의 차이가 너무 크므로 2,000[A]로 선정

09 네온관용 전선의 기호가 7.5[kV] N-RV일 경우 N, R, V는 각각 무엇을 의미하는지 적으시오.

- N :
- R :
- V :

Answer

- N : 네온전선
- R : 고무
- V : 비닐

Explanation

전선 약호
- N : 네온전선
- V : 비닐
- E : 폴리에틸렌
- R : 고무
- C : 클로로프렌

10 금속관 공사 때 사용하는 부속품이다. 번호에 해당하는 부품의 명칭을 쓰시오.

명칭	용도
①	금속관 배관 공사에서 복스에 금속관을 고정할 때 사용되며, 6각형과 톱니형이 있음
②	금속관 상호 접속용으로 관이 고정되어 있을 때 사용
③	노출 배관에서 금속관을 조영재에 고정시키는 데 사용되며 합성수지관, 가요관, 케이블 공사에도 사용
④	바닥 밑으로 매입 배선할 때 사용
⑤	무거운 조명 기구를 파이프로 매달 때 사용
⑥	노출 배관 공사에서 관을 직각으로 굽히는 곳에 사용
⑦	저압 가공 인입선에서 금속관 공사로 옮겨지는 곳 또는 금속관으로부터 전선을 뽑아 전동기 단자 부분에 접속할 때 사용. A형, B형이 있음
⑧	인입구, 인출구의 금속관 판단에 설치하여 옥외의 빗물을 막는 데 사용

① 　　　　　　　　　　　　②
③ 　　　　　　　　　　　　④
⑤ 　　　　　　　　　　　　⑥
⑦ 　　　　　　　　　　　　⑧

Answer

① 로크너트
② 유니온 커플링
③ 새들
④ 플로어 박스
⑤ 픽스쳐스터드와 히키
⑥ 유니버설 엘보
⑦ 터미널 캡(서비스 캡)
⑧ 엔트런스 캡

Explanation

금속관 공사용 부품

명칭	사용 용도
로크너트(lock nut)	관과 박스를 접속하는 경우
부싱(bushing)	전선 관단에 끼우고 전선을 넣거나 빼는 데 있어서 전선의 피복을 보호하여 전선이 손상되지 않게 하는 것
커플링(coupling)	• 금속관 상호 접속 또는 관과 노멀 밴드와의 접속에 사용 • 관의 양측을 돌려서 접속할 수 없는 경우 : 유니온 커플링
새들(saddle)	노출 배관에서 금속관을 조영재에 고정시키는 데 사용
노멀 밴드(normal bend)	배관의 직각 굴곡에 사용
링 리듀서	금속을 아웃트렛 박스의 로크 아웃에 취부할 때 로크아웃의 구멍이 관의 구멍보다 클 때 사용
스위치 박스(switch box)	매입형의 스위치나 콘센트를 고정하는 데 사용
아웃트렛 박스(outlet box)	전선관 공사에 있어 전등기구나 점멸기 또는 콘센트의 고정, 접속함
콘크리트 박스 (concrete box)	콘크리트에 매입 배선용으로 아웃트렛 박스와 같은 목적으로 사용
플로어 박스	바닥 밑으로 매입 배선할 때 사용
유니버설 엘보우(elbow)	• 노출 배관공사에 관을 직각으로 굽혀야 할 곳의 관 상호 접속 또는 관을 분기해야 할 곳에 사용 • 3방향으로 분기하는 T형, 4방향으로 분기하는 크로스 엘보우
터미널 캡(terminal cap)	전동기에 접속하는 장소나 애자 사용 공사로 옮기는 장소의 관단에 사용
엔트런스 캡(우에사캡) (entrance cap)	인입구, 인출구의 관단에 설치하여 금속관에 접속하여 옥외의 빗물을 막는 데 사용
픽스쳐 스터드와 히키 (fixture stud & hickey)	아웃트렛 박스에 조명기구를 부착시킬 때 사용, 무거운 기구취부
블랭크 와셔(blank washer)	플로어 덕트의 정선 박스에 덕트를 접속하지 않는 곳을 막기 위하여 사용
유니버설 피팅	노출 배관 시 L형 또는 T형으로 구부러지는 장소에 사용

11 ★★★★☆

22,900[V] 3상 4선식으로 수전하며 수전 용량이 750[kVA]라 할 때 이 인입구에 MOF를 시설하는 경우 MOF의 변류비를 산출하여 표준 규격을 결정하시오. 단, 변류비는 정격 1차 전류를 구하여 1.5배의 값으로 변류비를 적용한다.

• 계산 :   • 답 :

Answer

계산 : $I = \dfrac{750 \times 10^3}{\sqrt{3} \times 22.9 \times 10^3} \times 1.5 = 28.36[A]$

30/5 선정   답 : 변류비 : 30/5

Explanation

보통의 경우 CT 비 : 1차 전류×(1.25~1.5)
CT 1차 전류 : 10, 15, 20, 30, 40, 50, 75, 100, 150, 200, 300, 400, 500[A]
문제에서는 CT의 1차 전류가 정격에 없으므로 그 보다 큰 30/5를 선정하는 것이 일반적이다.

12 그림 중 ☐ 내의 기기 명칭을 기호로 써 넣으시오.

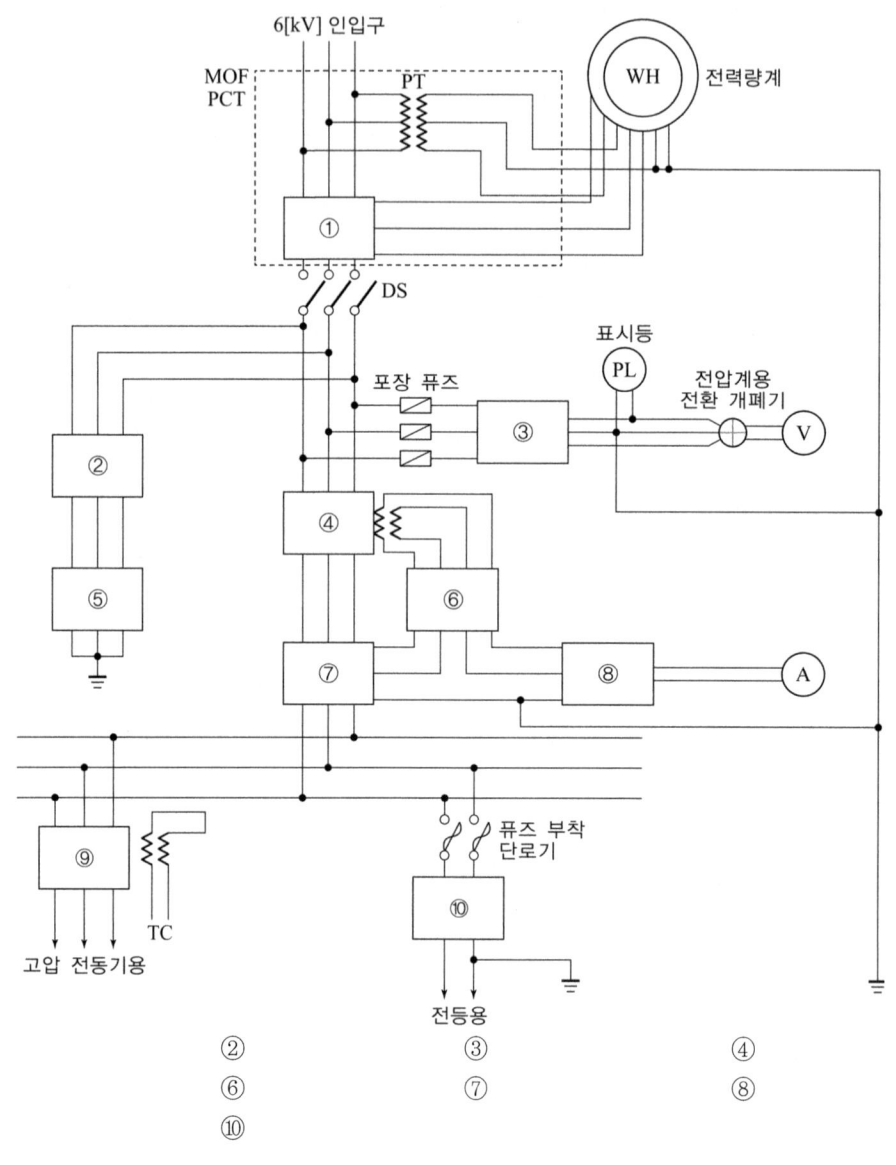

① ② ③ ④
⑤ ⑥ ⑦ ⑧
⑨ ⑩

Answer

① CT ② DS ③ PT
④ CB ⑤ LA ⑥ OCR
⑦ CT ⑧ AS ⑨ CB
⑩ TR

Explanation

① CT(변류기)   ② DS(단로기)
③ PT(계기용 변압기)   ④ CB(차단기)
⑤ LA(피뢰기)   ⑥ OCR(과전류 계전기)
⑦ CT(변류기)   ⑧ AS(전류계용 전환개폐기)
⑨ CB(차단기)   ⑩ TR(변압기)

13 가공 배전선로에서 전선을 수평으로 배열하기 위한 크로스 완금의 길이[mm]를 표의 빈칸 "① ~ ②"에 쓰시오.

[완금의 길이]

전선 조수	특고압	고압	저압
2	①	1,400	900
3	②	1,800	1,400

①　　　　　　　　　　　②

Answer

① 1,800　　　② 2,400

Explanation

(내선규정 2,155) 특고압(22.9[kV-Y]) 가공전선로
가공전선로의 장주에 사용되는 완금의 표준 길이[mm]

전선 조수	특고압	고압	저압
2	1,800	1,400	900
3	2,400	1,800	1,400

여기서, 22.9[kV] 가공전선로에서 3상 4선식은 중성선을 제외하고 완금에는 3조의 전선이 사용된다.

14 다음에서 설명하는 금속관 부품의 명칭을 쓰시오.

① 매입형 스위치를 수용하거나 리셉터클의 아웃렛을 고정하기 위한 금속함은?
② 바닥 밑으로 매입 배선할 때 사용하는 것은?
③ 배관 공사에서 박스에 금속관을 고정할 때 주로 사용하는 것은?
④ 돌려서 접속할 수 없는 경우의 가요 전선관과 금속관을 결합하는 곳에 사용하는 것은?
⑤ 인입구, 인출구 수직배관의 상부에 사용되어 비의 침입을 막는 데 사용되는 것은?

①　　　　　　　②　　　　　　　③
④　　　　　　　⑤

Answer

① 스위치 박스　　② 플로어 박스　　③ 로크너트
④ 컴비네이션 유니온 커플링　⑤ 앤트렌스 캡

Explanation

금속관 공사용 부품

명칭	사용 용도
로크너트(lock nut)	관과 박스를 접속하는 경우
부싱(bushing)	전선 관단에 끼우고 전선을 넣거나 빼는 데 있어서 전선의 피복을 보호하여 전선이 손상되지 않게 하는 것
커플링(coupling)	• 금속관 상호 접속 또는 관과 노멀 밴드와의 접속에 사용 • 관의 양측을 돌려서 접속할 수 없는 경우 : 유니온 커플링 　이때, 관의 종류가 다르면 : 컴비네이션 유니온 커플링

새들(saddle)	노출 배관에서 금속관을 조영재에 고정시키는 데 사용
노멀 밴드(normal bend)	배관의 직각 굴곡에 사용
링 리듀서	금속을 아웃트렛 박스의 로크 아웃에 취부할 때 로크아웃의 구멍이 관의 구멍보다 클 때 사용
스위치 박스 (switch box)	매입형의 스위치나 콘센트를 고정하는 데 사용
아웃트렛 박스 (outlet box)	전선관 공사에 있어 전등기구나 점멸기 또는 콘센트의 고정, 접속함
콘크리트 박스 (concrete box)	콘크리트에 매입 배선용으로 아웃트렛 박스와 같은 목적으로 사용
플로어 박스	바닥 밑으로 매입 배선할 때 사용
유니버설 엘보우 (elbow)	• 노출 배관공사에 관을 직각으로 굽혀야 할 곳의 관 상호 접속 또는 관을 분기해야 할 곳에 사용 • 3방향으로 분기하는 T형, 4방향으로 분기하는 크로스 엘보우
터미널 캡 (terminal cap)	전동기에 접속하는 장소나 애자 사용 공사로 옮기는 장소의 관단에 사용
엔트런스 캡(우에사캡) (entrance cap)	인입구, 인출구의 관단에 설치하여 금속관에 접속하여 옥외의 빗물을 막는 데 사용
픽스쳐 스터드와 히키 (fixture stud & hickey)	아웃트렛 박스에 조명기구를 부착시킬 때 사용, 무거운 기구취부
블랭크 와셔 (blank washer)	플로어 덕트의 정션 박스에 덕트를 접속하지 않는 곳을 막기 위하여 사용
유니버설 피팅	노출 배관 시 L형 또는 T형으로 구부러지는 장소에 사용

15 다음 전선의 약호를 보고 각각의 명칭을 쓰시오.

(1) ACSR
(2) OW
(3) FL
(4) DV
(5) MI

Answer

(1) ACSR : 강심 알루미늄 연선
(2) OW : 옥외용 비닐 절연 전선
(3) FL : 형광 방전등용 비닐 전선
(4) DV : 인입용 비닐 절연 전선
(5) MI : 미네럴 인슐레이션 케이블

Explanation

(내선규정 100-2) 전선 약호

약호	명칭
ACSR	강심 알루미늄 연선
ACSR-OC 전선	옥외용 강심 알루미늄도체 가교 폴리에틸렌 절연전선
ACSR-OE 전선	옥외용 강심 알루미늄도체 폴리에틸렌 절연전선
AL-OC 전선	옥외용 알루미늄도체 가교 폴리에틸렌 절연전선
AL-OE 전선	옥외용 알루미늄도체 폴리에틸렌 절연전선
AL-OW 전선	옥외용 알루미늄도체 비닐 절연전선
DV 전선	인입용 비닐 절연 전선
FL 전선	형광 방전등용 비닐 전선

HR(0.5) 전선	500[V] 내열성 고무 절연전선(110[℃])
HR(0.75) 전선	750[V] 내열성 고무 절연전선(110[℃])
NR 전선	450/750[V] 일반용 단심 비닐 절연 전선
NRI(70) 전선	300/500[V] 기기 배선용 단심 비닐절연전선(70[℃])
NRI(90) 전선	300/500[V] 기기 배선용 단심 비닐절연전선 (90[℃])
OC 전선	옥외용 가교 폴리에틸렌 절연전선
OE 전선	옥외용 폴리에틸렌 절연전선
OW 전선	옥외용 비닐 절연 전선

16 ★★★★☆
폭 15[m]인 도로의 중앙에 10[m] 높이로 간격 20[m] 마다 200[W] 전구를 설치하는 경우 도로면의 평균 조도[lx]를 구하시오(단, 조명률 0.25, 감광보상률 1.5, 200[W] 전구의 전광속은 3,450[lm]이다).

• 계산 :   • 답 :

Answer

계산 : $E = \dfrac{FUN}{SD} = \dfrac{3,450 \times 0.25 \times 1}{20 \times 15 \times 1.5} = 1.92[\text{lx}]$ 답 : 1.92[lx]

Explanation

• 조명계산
$FUN = ESD$
여기서, F[lm] : 광속, U : 조명률, N : 등수
E[lx] : 조도, S[m²] : 면적, $D = \dfrac{1}{M}$: 감광보상율 = $\dfrac{1}{\text{보수율}}$

등수 $N = \dfrac{ESD}{FU}$ 이며 등수계산은 소수점은 무조건 절상한다.
• 도로조명에서의 면적 계산
  – 중앙배열, 편측배열 : $S = a \cdot b$
  – 양쪽배열, 지그재그식 : $S = \dfrac{a \cdot b}{2}$
  여기서, a : 도로 폭, b : 등 간격
문제에서는 중앙배열이므로 $S = a \cdot b = 20 \times 15 = 300[\text{m}^2]$

17 ★★★★☆
그림과 같은 저압기기의 지락사고 시에 기기에 접촉된 사람의 인체에 흐르는 전류[mA]를 구하시오. 단, 외함의 접지저항 값 $R_2 = 50[\Omega]$, 저압기기의 접지저항 값 $R_3 = 100[\Omega]$, 인체의 접지저항 및 접촉저항 값 $R_m = 1,000[\Omega]$이다.

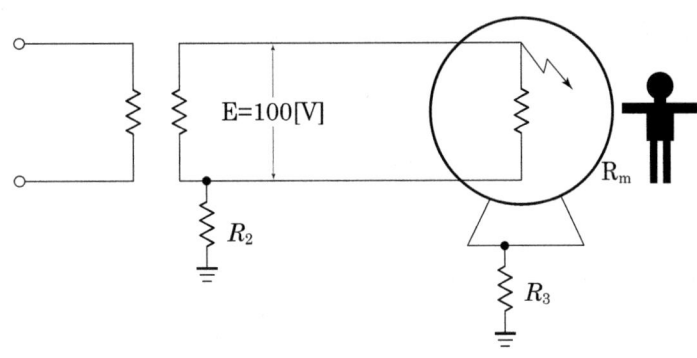

• 계산 :   • 답 :

Answer

계산 : $I_g = \dfrac{100}{50 + \dfrac{100 \times 1{,}000}{100 + 1{,}000}} \times \dfrac{100}{100 + 1{,}000} \times 10^3 = 64.52 \text{[mA]}$ 답 : 64.52[mA]

Explanation

회로를 등가회로로 전환하면 다음과 같다.

- 전체저항 $R_T = 50 + \dfrac{100 \times 1{,}000}{100 + 1{,}000}$
- 전체전류 $I_T = \dfrac{V}{R_T} = \dfrac{100}{50 + \dfrac{100 \times 1{,}000}{100 + 1{,}000}}$

따라서 인체에 흐르는 전류

$I_g = \dfrac{100}{50 + \dfrac{100 \times 1{,}000}{100 + 1{,}000}} \times \dfrac{100}{100 + 1{,}000} \times 10^3 \text{[mA]}$

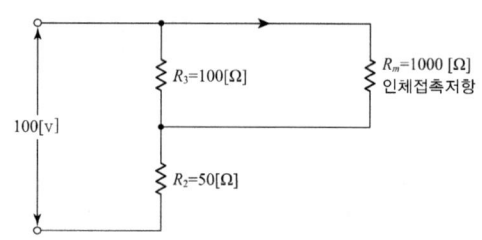

---

18 ★★★★☆
연(납)축전지와 알칼리 축전지의 공칭 전압은 몇 [V]인지 쓰시오.

- 연(납)축전지 :
- 알칼리 축전지 :

Answer

- 연(납)축전지 : 2.0[V/cell]
- 알칼리 축전지 : 1.2[V/cell]

Explanation

	납축전지	알칼리 축전지
충전용량	10[Ah]	5[Ah]
공칭전압	2.0[V/cell]	1.2[V/cell]
장점	효율이 우수 단시간에 대전류 공급이 가능	수명이 길고 운반진동에 강하며 급충·방전에 잘 견딘다.

---

19 ★★★★☆
어느 빌딩의 수전설비를 계획하려고 한다. 이 빌딩에 예측되는 부하밀도는 조명전용 30[VA/m²], 일반동력 30[VA/m²], 냉방 40[VA/m²]이다. 이 빌딩의 건평이 20,000[m²]일 경우 부하설비의 용량은 몇 [kVA]인지 계산하시오.

- 계산 :   • 답 :

Answer

계산 : 조명설비 $= 30 \times 20{,}000 \times 10^{-3} = 600 \text{[kVA]}$
　　　일반 동력설비 $= 30 \times 20{,}000 \times 10^{-3} = 600 \text{[kVA]}$
　　　냉방 설비 $= 40 \times 20{,}000 \times 10^{-3} = 800 \text{[kVA]}$
　　　총 부하설비 $= 600 + 600 + 800 = 2{,}000 \text{[kVA]}$　　답 : 2,000[kVA]

Explanation

부하상정 및 분기회로
• 부하의 상정
  부하설비 용량= $PA+QB+C$
  여기서, P : 건축물의 바닥 면적[m²] (Q 부분 면적 제외)
        Q : 별도 계산할 부분의 바닥 면적[m²]
        A : P 부분의 표준 부하[VA/m²]
        B : Q 부분의 표준 부하[VA/m²]
        C : 가산해야 할 부하[VA]

20 ★★★★☆
그림과 같은 철탑 기초의 굴착량을 산출하려고 한다. 철탑의 굴착량 식은?

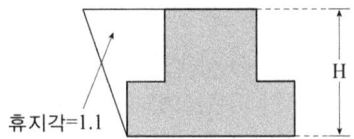

• 답 :

Answer

터파기량=가로×세로×H×1.21

Explanation

터파기량 계산
• 줄기초 파기 : 전선관 매설
$$터파기량[m^3] = \left(\frac{a+b}{2}\right) \times h \times 줄기초 길이$$
• 철탑의 굴착량 : 터파기량[m³] = 가로×세로×H×1.21
  휴지각 = 1.1×1.1 = 1.21

21 ★★★★☆
폴리머 애자 설치에 관한 그림이다. 각 기호의 ①, ②, ③, ④ 명칭을 쓰시오.

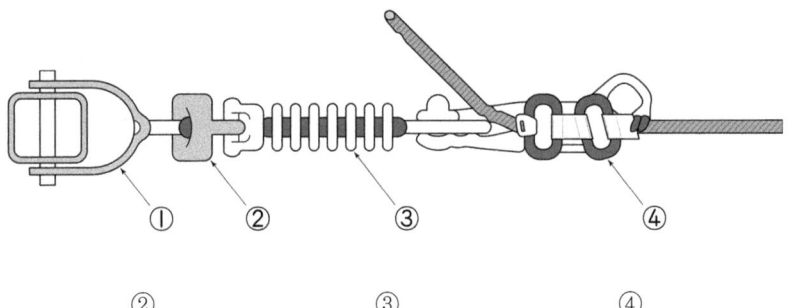

①   ②   ③   ④

Answer

① 볼 쇄클   ② 소켓 아이   ③ 폴리머 애자   ④ 데드 엔드 클램프

22 ★★★★☆
수전전압 22.9[kV], 설비용량 4,000[kVA], 수용가의 수전단에 설치한 CT의 변류비는 100/5[A]이다. 이때 CT에서 검출된 2차 전류가 과부하 계전기로 흐르도록 하였다. 120[%] 부하에서 차단기를 동작시키고자 할 때 트립(Trip) 전류값은 얼마로 선정해야 하는지 계산하여 산정하시오.

• 계산 :   • 답 :

Answer

계산 : 정격 전류 $I_n = \dfrac{P}{\sqrt{3}\,V_n} = \dfrac{4,000}{\sqrt{3}\times 22.9} = 100.85[A]$

과부하 계전기 트립전류 $= 100.85 \times \dfrac{5}{100} \times 1.2 = 6.05[A]$

답 : 6[A] 선정

Explanation

- 과전류 계전기 Tap 전류 = 1차 전류 $\times \dfrac{1}{\text{CT비}} \times$ 정정배수
- 과전류 계전기의 정정 Tap 전류 : 4, 5, 6, 7, 8, 10, 12[A]

23 ★★★★☆ 절연전선으로 가선된 배전선로에서 활선 상태인 경우 전선의 피복을 벗기는 것은 매우 곤란한 작업이다. 이런 경우 활선 상태에서 전선의 피복을 벗기는 공구를 적으시오.

• 답 :

Answer

활선 피박기

Explanation

활선 피박기
- 활선 상태에서 전선의 피복을 벗길 때 사용하는 장구
- 본체와 전선 바이스 및 절단칼날과 3개의 회전용 핸들링과 조정볼트로 구성

24 ★★★★☆ 터파기에는 독립 기초, 줄 기초, 철탑 기초가 있다. 철탑 기초 파기의 터파기량 산정식을 적으시오.

• 답 :

Answer

터파기량 = 가로 × 세로 × H × 1.21[m³]

Explanation

터파기량 계산
- 줄기초 파기 : 전선관 매설

$$\text{터파기량}[m^3] = \left(\dfrac{a+b}{2}\right) \times h \times \text{줄기초 길이}[m]$$

- 철탑의 굴착량 : 터파기량[m³]= 가로 × 세로 × H × 1.21
  휴지각=1.1×1.2=1.21

25 ★★★★☆ 최근에 대용량 초고압 송전선이나 지중 송전선(cable)의 확장에 따라 전력 계통에 분로 리액터(shunt reactor)를 설치하고 있다. 설치 목적은?

• 답 :

Answer

페란티 현상을 방지

Explanation

페란티 현상

선로의 경부하(무부하) 시 정전용량에 의해서 송전단 전압보다 수전단 전압이 높아지는 현상으로 장거리 선로와 지중 케이블 선로에서는 정전용량이 크기 때문에 특히 무부하 충전 시 문제가 발생되며 부하역률은 지상역률로 중부하시에는 전류가 전압보다 위상이 뒤지지만 지중전선로의 경부하시나 가공전선로의 무부하 충전 시 진상전류가 흐르게 되는 현상으로 분로리액터를 대책으로 한다.

분로 리액터(Shunt Reactor)
분로 리액터는 페란티 현상을 방지하기 위하여 주요 변전소에 설치되며 지상전력 공급을 통하여 무효분을 조정

26
다음 그림의 릴레이 회로를 보고 물음에 답하시오.

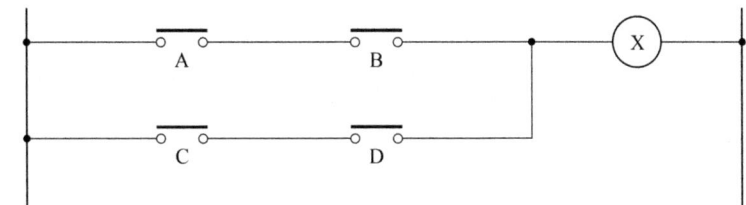

(1) 논리식을 쓰시오.
(2) 2입력 AND소자, 2입력 OR 소자를 사용하여 로직 회로로 바꾸시오.
(3) 2입력 NAND 소자만으로 회로를 바꾸시오.

Answer

(1) $\overline{x}$ = AB+CD
(2)
(3)

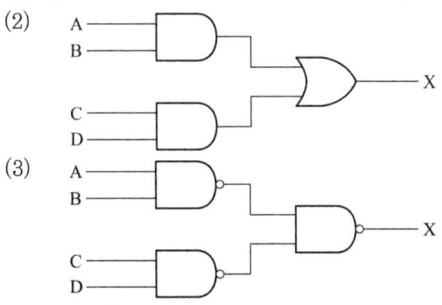

Explanation

2입력 NAND 소자
$X = AB + CD = \overline{\overline{AB + CD}}$ 드모르간의 정리를 이용
$= \overline{\overline{AB} \cdot \overline{CD}}$

27
가공전선로에서 전선 지지점에 고저차가 없을 경우 330[mm²] ACSR선이 경간 500[m]에서 이도가 8.6[m]이다. 전선의 실제길이는 약 몇 [m]인지 구하시오.
• 계산 :   • 답 :

Answer

계산 : $L = S + \dfrac{8D^2}{3S} = 500 + \dfrac{8 \times 8.6^2}{3 \times 500} = 500.39$ 답 : 500.39[m]

Explanation

- 이도 : $D = \dfrac{WS^2}{8T} = \dfrac{WS^2}{8 \times \dfrac{\text{인장하중}}{\text{안전율}}}$

- 실제길이 : $L = S + \dfrac{8D^2}{3S}$

여기서, L : 전선의 실제 길이[m], D : 이도[m], S : 경간[m]

28. 예비 전원 설비로 이용되는 축전지에 대한 물음에 답하시오.

(1) 축전지와 부하를 충전기에 병렬로 접속하여 사용하는 충전 방식은?

(2) 비상용 조명부하 200[V]용 50[W] 80등, 30[W] 70등이 있다. 방전 시간은 30분이고, 축전지는 HS형 110[cell]이며, 허용 최저 전압은 190[V], 최저 축전지 온도는 5[℃]일 때 축전지 용량은 몇 [Ah]이겠는가? 단, 보수율은 0.8, 용량 환산시간은 1.2이다.

- 계산 :   • 답 :

Answer

(1) 부동충전 방식

(2) 계산 : 축전지 용량 $C = \dfrac{1}{L}KI = \dfrac{1}{0.8} \times 1.2 \times \left(\dfrac{50 \times 80 + 30 \times 70}{200}\right) = 45.75[\text{Ah}]$

답 : 45.75[Ah]

Explanation

- 부동충전

축전지의 자기 방전을 보충하는 동시에 상용 부하에 대한 전력 공급은 충전기가 부담하고 충전기가 부담하기 어려운 일시적인 대전류 부하는 축전지가 부담하도록 하는 방식

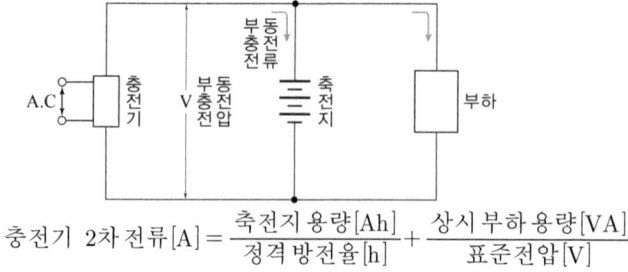

충전기 2차 전류[A] = $\dfrac{\text{축전지 용량[Ah]}}{\text{정격 방전율[h]}} + \dfrac{\text{상시 부하용량[VA]}}{\text{표준전압[V]}}$

- 전류 $I = \dfrac{P}{V} = \dfrac{50 \times 80 + 30 \times 70}{100} = 30.5[\text{A}]$

- 축전지 용량

$C = \dfrac{1}{L}KI [\text{Ah}]$

여기서, C : 축전지의 용량 [Ah], L : 보수율(경년용량 저하율)
K : 용량환산 시간 계수, I : 방전전류 [A]

29 단상 2선식의 교류 배전선에서 전선 1가닥의 저항이 0.25[Ω], 리액턴스가 0.35[Ω]이다. 부하가 220[V], 8.8[kW], 역률이 1일 경우 급전점의 전압을 계산하시오.

• 계산 :   • 답 :

Answer

계산 : 급전점의 전압 $V_s = V_r + 2IR$ (∵ 역률 1)

$$= V_r + 2 \times \frac{P}{V} \times R = 220 + 2 \times \frac{8.8 \times 10^3}{220} \times 0.25 = 240[V]$$

답 : 240[V]

Explanation

단상 선로의 전압강하(전선 1가닥의 저항이 주어진 경우)
$e = V_s - V_r = 2I(R\cos\theta + X\sin\theta)$에서 $\cos\theta = 1$이므로
급전점 전압 $V_s = V_r + 2IR$

30 도면과 같은 고압 또는 특고압 수전설비의 진상콘덴서 접속 뱅크 결선도를 보고 다음 각 물음에 답하시오.

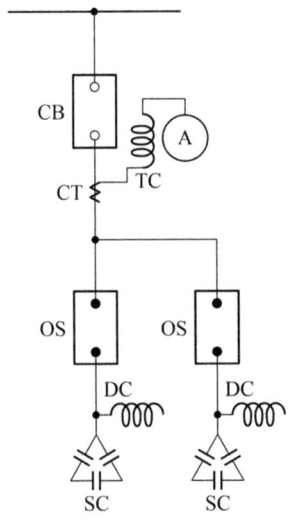

(1) 콘덴서 용량이 몇 [kVA] 초과 몇 [kVA] 이하인 경우인가?
(2) 콘덴서 용량이 100[kVA] 이하인 경우 CB 대신 사용 가능한 개폐기는?
(3) 콘덴서 용량이 50[kVA] 미만인 경우 사용 가능한 개폐기는?

Answer

(1) 300[kVA] 초과, 600[kVA] 이하
(2) OS(또는 인터럽트 스위치)
(3) COS(직결로 함)

Explanation

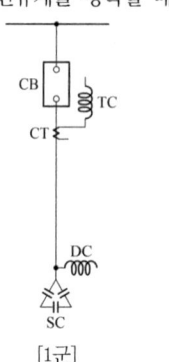

[1군]

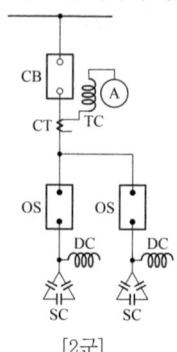

[2군]

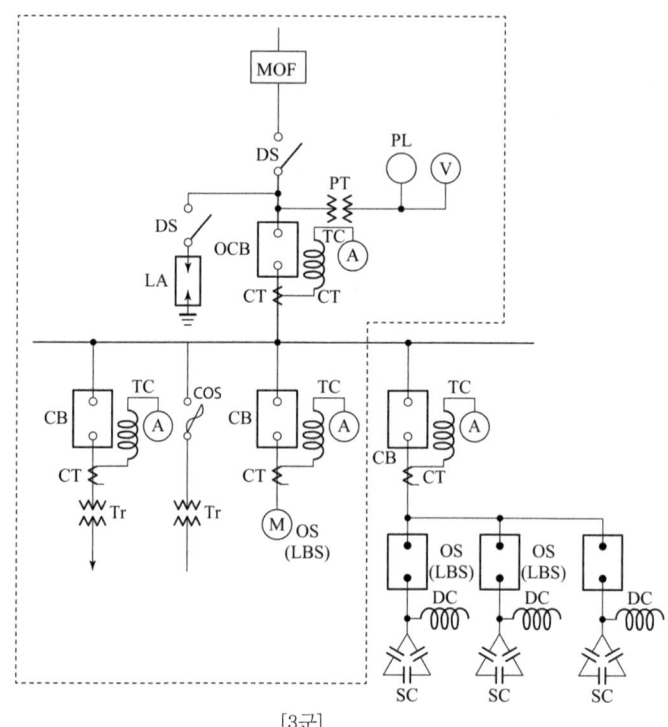

[3군]

[주] 콘덴서의 용량이 100[kVA] 이하인 경우에는 CB 대신 OS 또는 유사한 것(인터럽터 스위치 등)을 50[kVA] 미만의 경우에는 COS(직결로 함)를 사용할 수 있다.

31. 다음의 작업 구분에 맞는 각각의 직종명을 적으시오(예, 내선전공).

(1) 발전설비 및 중공업설비의 시공 및 보수
(2) 변전설비의 시공 및 보수
(3) 철탑 및 송전설비의 시공 및 보수
(4) 플랜트 프로세스의 자동제어장치, 공업제어장치 등의 시공 및 보수

Answer

(1) 플랜트전공   (2) 변전전공   (3) 송전전공   (4) 계장전공

Explanation

(1) 특고압 케이블전공 : 특별고압 케이블 설비의 시공 및 보수에 종사하는 사람
(2) 송전전공 : 발전소와 변전소 사이의 송전선의 철탑 및 송전설비의 시공 및 보수에 종사하는 사람
(3) 플랜트전공 : 발전소 중공업설비·플랜트설비의 시공 및 보수에 종사하는 사람
(4) 변전전공 : 변전소 설비의 시공 및 보수에 종사하는 사람
(5) 계장전공 : 기계, 급배수, 전기, 가스, 위생, 냉난방 및 기타 공사에 있어서 계기(공업제어 장치, 공업계측 및 컴퓨터, 자동제어 장치)를 전문으로 설치, 부착 및 점검하는 사람

32 ★★★★☆
아날로그 멀티 테스터기로 교류(AC) 전압을 측정하려면 부하설비와 어떻게 연결하여 측정하는가?

• 답 :

Answer

병렬로 연결하여 측정

Explanation

• 전류 측정 : 부하설비와 테스터기를 직렬로 연결
• 전압 측정 : 부하설비와 테스터기를 병렬로 연결

33 ★★★★☆
다음 동작 설명을 참고하여 시퀀스 제어도 및 결선도를 그리시오.

[동작 설명]
1. 3로 스위치 S_{3-1}을 ON, S_{3-2}를 ON했을 시 R_1, R_2가 직렬 점등되고, S_{3-1}을 OFF, S_{3-2}를 OFF 했을 시 R_1, R_2가 병렬 점등한다.
2. 푸시버튼 스위치 PB를 누르면 R_3와 B가 병렬로 동작한다.

(1) 시퀀스 제어도
(2) 결선도(모든 결선은 4각 박스를 경유하여야 한다.)

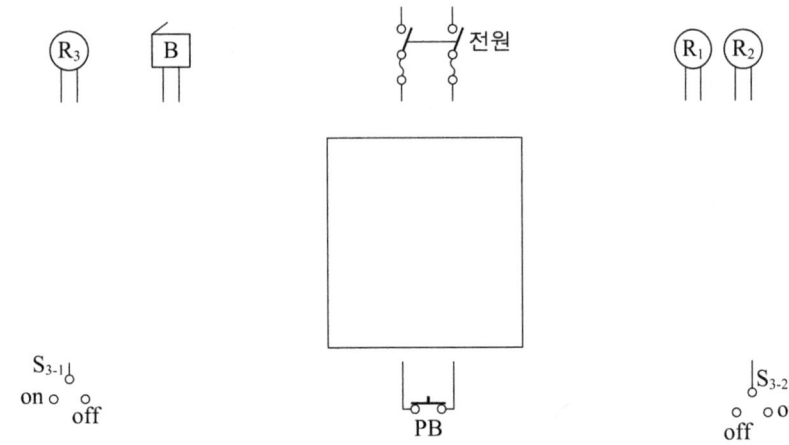

Answer

(1)

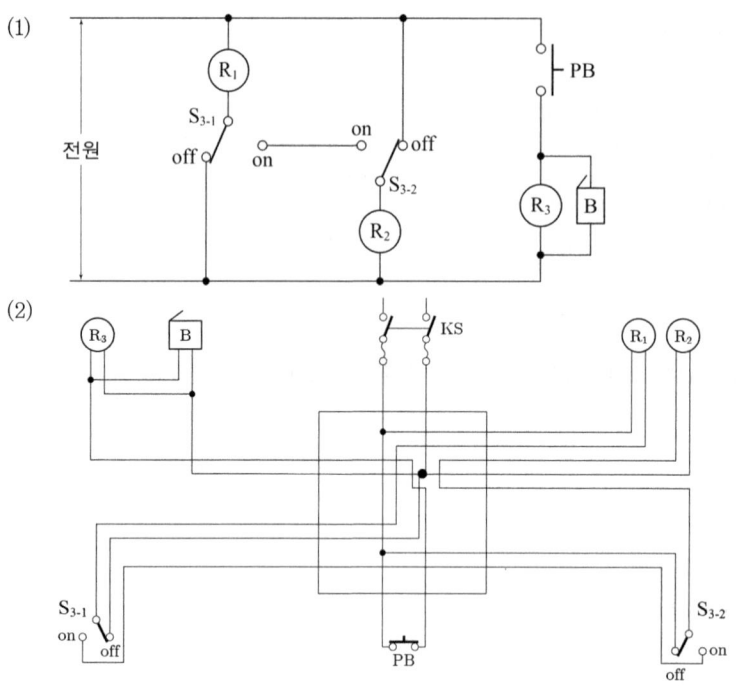

(2)

34 ★★★★☆ 다음 동작사항에 맞는 회로를 보기의 기호만을 이용해서 미완성 도면을 완성하시오(단, 선의 접속과 미 접속에 대한 예시를 참고하여 그리시오).

[선의 접속과 미접속에 대한 예시]	
접속	미접속
┼	┼

동작사항	보기		
① S_1, S_3를 모두 off할 때 R1, R2가 모두 소등된다. ② S_1을 on, S_3을 off할 때 R1, R2가 병렬 점등된다. ③ S_1을 off, S_3을 on할 때 R1, R2가 직렬 점등된다. ④ S_1을 on, S_3을 on할 때 R2만 점등된다. ⑤ 콘센트(C)에는 항상 전원이 들어온다. ⑥ R1과 R2는 램프이다.	◐	ON/OFF	/
	C	S_3	S_1
	콘센트	3로 스위치	단로 스위치

– 미완성 도면

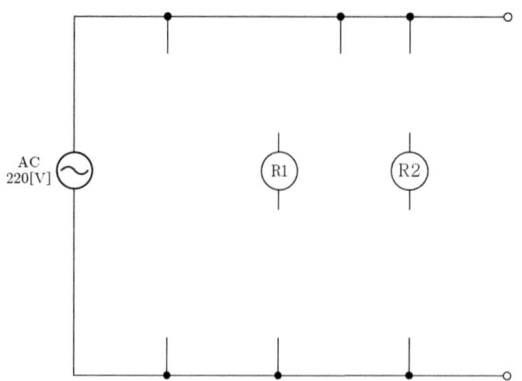

Answer

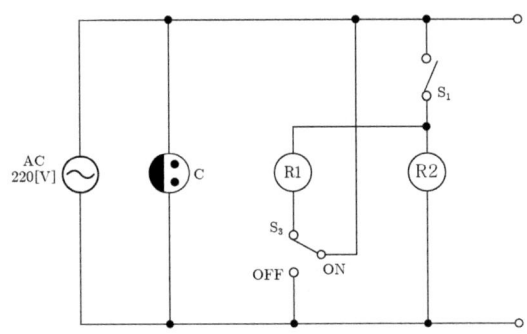

35 ★★★★☆ 거리가 1,000[m]인 배전선로 공사에 있어서 단면적 22[mm²]의 알루미늄선으로 계산된 것을 저항이 같은 경동선으로 대치하려고 한다면 그 전선의 단면적은 얼마로 하여야 하는지 계산하여라.

[조건]

알루미늄의 저항률 : $\frac{1}{35}[\Omega \cdot mm^2/m]$

경동선의 저항률 : $\frac{1}{55}[\Omega \cdot mm^2/m]$

• 계산 :   • 답 :

Answer

계산 : 전압강하 $e = IR = I\rho\frac{l}{A}$

$$I \times \frac{1}{35} \times \frac{1,000}{22} = I \times \frac{1}{55} \times \frac{1,000}{A}$$

$A = 14[mm^2]$ 따라서 $16[mm^2]$ 선정   답 : $16[mm^2]$

Explanation

• 전기저항 $R = \rho\frac{l}{A}[\Omega]$

  여기서, ρ : 저항률[$\Omega \cdot mm^2/m$]

  l : 전선의 길이[m]

  A : 전선의 단면적[mm²]

• 전선의 단면적을 바꾸어도 전류와 전압강하가 같도록 하려면

$I \times \frac{1}{35} \times \frac{1,000}{22}$(알루미늄선의 전압강하) $= I \times \frac{1}{55} \times \frac{1,000}{A}$(경동선의 전압강하)

KSC-IEC 전선 규격

전선의 공칭단면적[mm²]			
1.5	16	95	300
2.5	25	120	400
4	35	150	500
6	50	185	630
10	70	240	

36 ★★★★☆

어떤 전기설비에서 6,600[V]의 3상 회로에 변압비 33의 계기용 변압기 2개를 그림과 같이 설치하였다면 그때의 전압계 V_1, V_2, V_3의 지시값은 얼마인지 각각 구하시오.

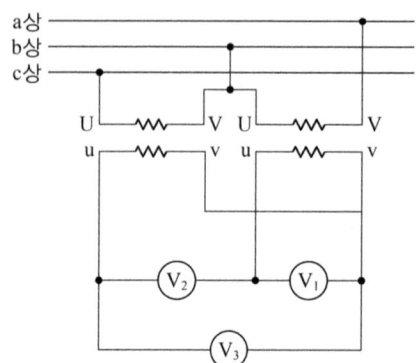

(1) V_1
- 계산 :
- 답 :

(2) V_2
- 계산 :
- 답 :

(3) V_3
- 계산 :
- 답 :

Answer

(1) 계산 : $V_1 = \dfrac{6,600}{33} = 200[V]$ 　　　　답 : 200[V]

(2) 계산 : $V_2 = \dfrac{6,600}{33} \times \sqrt{3} = 346.41[V]$ 　　　　답 : 346.41[V]

(3) 계산 : $V_3 = \dfrac{6,600}{33} = 200[V]$ 　　　　답 : 200[V]

Explanation

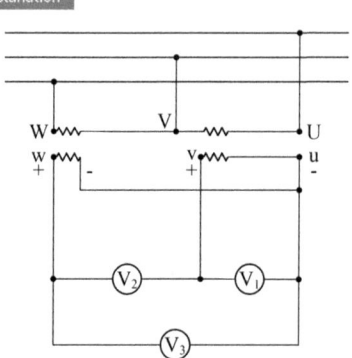

그림에서 V_2는 V_3과 V_1의 Vector 차전압을 지시한다. 따라서 $V_2 = V_3 - V_1 = \sqrt{3}\, V_1 = \sqrt{3}\, V_3$

37 ★★★★☆

전등설비 200[W], 전열설비 400[W], 전동기설비 300[W] 수용가가 있다. 이 수용가의 최대 수용전력이 780[W]일 때의 수용률을 계산하시오.

• 계산 :   • 답 :

Answer

계산 : 수용률 $= \dfrac{\text{최대수용전력}}{\text{부하설비용량}} \times 100[\%] = \dfrac{780}{200+300+400} \times 100 = 86.67[\%]$ 답 : 86.67[%]

Explanation

수용률
최대 전력과 부하설비용량과의 비
최대 전력은 수용가의 계약용량과 수전용 변압기의 용량을 결정하는 중요한 계수
수용률 $= \dfrac{\text{최대수용전력}}{\text{부하설비용량}} \times 100[\%]$
최대 수용전력 $=$ 부하설비용량 $\times$ 수용률
수용률이 커지면 최대 전력이 증가되므로 변압기 용량이 커져서 경제적으로 불리

CHAPTER 03 엄선된 필수 기출문제 84선

3회 이상 출제

01 ★★★☆☆
콘덴서나 전력용 변압기의 결선상의 단위를 나타내는 용어는 무엇인가?

• 답 :

Answer

뱅크(Bank)

Explanation

(내선규정 1,300) 용어
뱅크(Bank)란 전로에 접속된 변압기 또는 콘덴서의 결선상 단위(結線上 單位)를 말한다.

02 ★★★☆☆
다음 설명에 맞는 배전자재의 명칭을 쓰시오.
① 주상 변압기를 전주에 설치하기 위해 사용되는 밴드는?
② 전주에 암타이 및 랙을 설치하기 위하여 사용되는 밴드는?
③ 가공 배전선로 및 인입선 공사에서 인류애자를 설치하기 위해 사용되는 금구는?
④ 현수애자를 설치한 가공 ACSR 배전선의 인류 및 내장개소에 ACSR 전선을 현수애자에 설치하기 위해 사용하는 금구는?

①   ②
③   ④

Answer

① 행거 밴드
② 암타이 밴드
③ 랙
④ 데드 엔드 클램프

Explanation

(1)~(2) 밴드의 종류
 • 행거 밴드 : 주상변압기를 전주에 설치하기 위해 사용되는 밴드
 • 암타이 밴드 : 전주에 각 암타이를 설치하기 위하여 사용되는 밴드
 • 랙밴드 : 전주에 랙을 설치하기 위하여 사용되는 밴드
 • 지선밴드 : 지선을 설치하기 위한 밴드
(3) 랙(Rack) : 저압 선로용으로 지면에 대하여 저압 배전선로를 수직으로 배열하는 데 사용
 • 1선용 : 특별고압 중성선(인류애자 사용)
 • 2선용 : 단상 2선 저압 선로의 전선
 • 4선용 : 3상 4선식 저압 선로의 전선
(4) 데드 엔드 클램프 : 현수 애자를 설치한 가공 ACSR 배전선의 인류 및 내장개소에 ACSR 전선을 현수 애자에 설치하기 위해 사용하는 금구

03 계기의 급별에서 용도에 따라 답안을 쓰시오.

① 대형 부표준기
② 휴대용 계기(정밀급)
③ 소형 휴대용 계기(정밀 측정)
④ 배전반용 계기(공업용 보통 측정)
⑤ 배전반용 소형 계기

① ② ③
④ ⑤

Answer

① 0.2급 ② 0.5급 ③ 1.0급
④ 1.5급 ⑤ 2.5급

Explanation

계기 등급(grade of meter)

등급별	허용차	용도
0.2급	±0.2[%]	부표준기(실험실용) 등
0.5급	±0.5[%]	정밀 측정용(휴대용 계기)
1.0급	±1.0[%]	소형 정밀용(소형 휴대용) 계기
1.5급	±1.5[%]	배전반용 계기(공업용 보통 측정)
2.5급	±2.5[%]	정확함을 중시하지 않는 소형 계기(배전반 소형 계기)

04 엑세스플로어(Movable Floor 또는 OA Floor)란 무엇인지 설명하시오.

• 답 :

Answer

컴퓨터실, 통신기계실, 사무실 등에서 배선, 기타의 용도를 위한 2중 구조의 바닥을 말한다.

Explanation

(내선규정 1,300-8) 용어
엑세스 플로어(Movable Floor 또는 OA Floor)란 컴퓨터실, 통신기계실, 사무실 등에서 배선 기타의 용도를 위한 2중 구조의 바닥을 말한다.

05 전기설비의 감전예방방법 중 직접접촉예방은 전기설비가 정상으로 운전하고 있는 상태에서 전기설비에 사람 또는 동물이 접촉되는 경우를 대비하여 감전예방을 위한 보호이다. 직접접촉예방을 위한 보호방법 5가지를 쓰시오.

• •
• •
•

Answer

① 충전부의 절연에 의한 보호
② 격벽 또는 외함에 의한 보호
③ 장애물에 의한 보호
④ 손의 접근 한계 외측 시설에 의한 보호
⑤ 누전차단기에 의한 추가 보호

Explanation

(KEC 113.2조) 감전에 대한 보호
(1) 기본보호
일반적으로 직접접촉을 방지하는 것으로, 전기설비의 충전부에 인축이 접촉하여 일어날 수 있는 위험으로부터 보호
가. 인축의 몸을 통해 전류가 흐르는 것을 방지
 - 충전부에 전기절연
 - 접촉을 방지하기 위한 충분한 거리 확보(격벽 또는 외함, 장애물, 손의 접근 한계 외측 등)
나. 인축의 몸에 흐르는 전류를 위험하지 않는 값 이하로 제한
 - 공급전압을 50[V] 이하로 제한 등(인축의 몸에 흐르는 고장전류의 지속시간을 위험하지 않은 시간까지로 제한하는 것은 절연고 장이 발생하여 전기설비의 노출도전부에 50[V] 이상의 전압이 인가되는 경우에는 인체가 이를 접촉하면 인체저항에 따라서 30[mA] 이상의 위험한 고장전류가 인체를 통해 흐를 수 있으므로)

06 ★★★☆☆ 조명설비에 대한 아래 각 물음에 답하시오.

(1) 어떤 전기공사 도면에 ◯M400으로 표시되어 있다. 이것은 무엇을 뜻하는지 적으시오.
(2) 비상용 조명을 건축법에 따른 형광등으로 하고자 할 때, 건축법에 따른 그림기호를 표현하시오.
(3) 평면이 15[m]×10[m]인 사무실에 40[W] 전광속 2,500[lm]인 형광등을 사용하여 평균 조도를 300[lx]로 유지하도록 하려고 한다. 이 사무실에 필요한 형광등 수를 산정하시오.(단, 조명률은 0.6이고, 감광 보상률은 1.3)
• 계산 :   • 답 :

Answer

(1) 400[W] 메탈헬라이드등

(2) ▭◯▭

(3) 계산 : $N = \dfrac{ESD}{FU} = \dfrac{300 \times 15 \times 10 \times 1.3}{2,500 \times 0.6} = 39$[등]   답 : 39[등]

Explanation

(1) 고휘도 방전램프(HID Lamp)
 • H400 400[W] 수은등
 • M400 400[W] 메탈헬라이드등
 • N400 400[W] 나트륨등

(2) ▭◯▭ : 형광등

   ▬◯▬ : 비상용 형광등

(3) 조명 계산
 $FUN = ESD$
 여기서, F[lm] : 광속, U[%] : 조명률, N[등] : 등수
 E[lx] : 조도, S[m^2] : 면적, $D = \dfrac{1}{M}$: 감광 보상률 $= \dfrac{1}{\text{보수율}}$

 등수 $N = \dfrac{ESD}{FU}$ 이며 등수 계산에서 소수점은 무조건 절상한다.

07 그림과 같이 전선 1조마다 50[kg]의 장력을 받는 전선 3조와 인류지선을 시설하고자 한다. 이 경우 지선이 받는 장력[kg]을 구하시오.

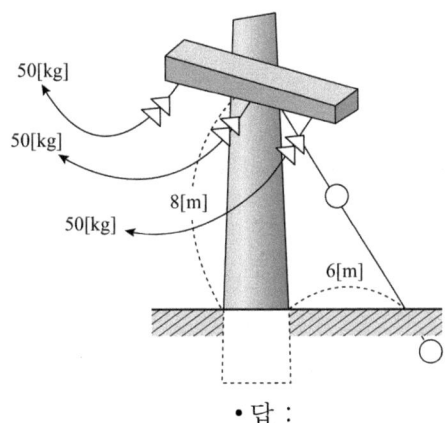

• 계산 :   • 답 :

Answer

계산 : 지선장력 $T_0 = \dfrac{T}{\cos\theta} = \dfrac{50 \times 3}{\dfrac{6}{10}} = 250[\text{kg}]$ 답 : 250[kg]

Explanation

지선장력 $T_0 = \dfrac{T}{\cos\theta}$

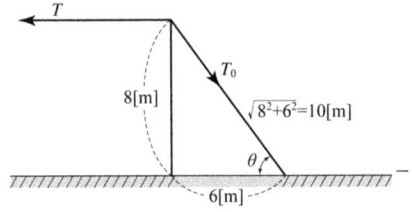

$\cos\theta = \dfrac{T}{T_0} = \dfrac{6}{10}$

$\therefore T_0 = \dfrac{10}{6} \times T = \dfrac{10}{6} \times 50 \times 3 = 250[\text{kg}]$

08 전기공사 금액이 3억 원일 때 일반관리비율은 얼마인가?

• 답 :

Answer

6[%]

Explanation

일반관리 비율

종합공사		전문·전기·정보통신·소방 및 기타공사	
공사원가	일반관리비율[%]	공사원가	일반관리비율[%]
50억 미만	6.0	**5억원 미만**	**6.0**
50억원~300억원 미만	5.5	5억원~30억원 미만	5.5
300억원 이상	5.0	30억원 이상	5.0

09

계전기별 고유번호에서 59가 OVR(교류 과전압 계전기)이면, 51과 27은 무엇인지 영문 약자로 답하시오.

① 51　　　　　　　　　　　② 27

Answer

① 51 : OCR　　　② 27 : UVR

Explanation

계전기 고유번호
- 51 : 과전류 계전기(OCR)
- 59 : 과전압 계전기(OVR)
- 27 : 부족 전압 계전기(UVR)
- 51G : 지락 과전류 계전기(OCGR)
- 64 : 지락 과전압 계전기(OVGR)

10

다음 그림은 옥내 전등배선도의 일부를 표시한 것이다. ①~④까지의 전선수를 기입하시오. 단, 3로 스위치에 의해 L1, 단로 스위치에 의해 L2가 점멸되도록 하고 접지도체는 제외하고 최소 전선수만 기입한다.

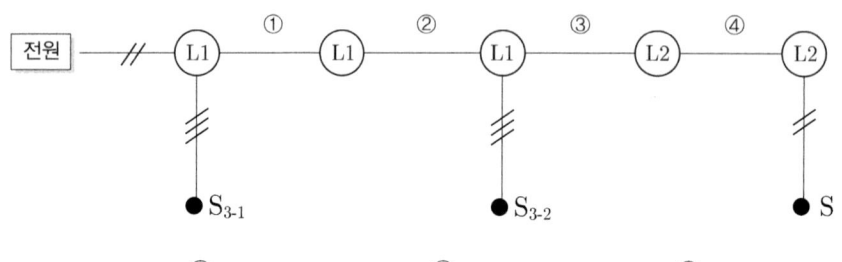

①　　　　　②　　　　　③　　　　　④

Answer

① 5　　② 5　　③ 2　　④ 3

Explanation

배선실체도

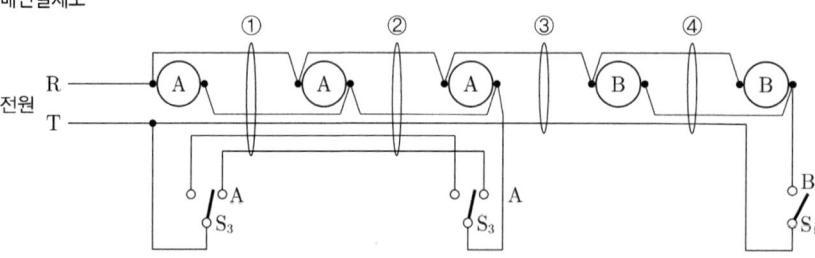

11

어떤 콘덴서 3개를 선간전압 3,300[V], 주파수 60[Hz]의 선로에 △로 접속하여 60[kVA]가 되도록 하려면 콘덴서 1개의 정전용량[μF]은 약 얼마로 하여야 하는가?

- 계산 :　　　　　　　　　　　　　　• 답 :

Answer

계산 : $Q = 3EI_c = 3 \times 2\pi f CE^2 = 3 \times 2\pi f CV^2$

정전용량 $C = \dfrac{Q}{6\pi f V^2} = \dfrac{60 \times 10^3}{6\pi \times 60 \times 3,300^2} \times 10^6 = 4.87[\mu F]$

답 : $4.87[\mu F]$

> **Explanation**

3상 콘덴서의 충전용량

$Q = 3EI_c = 3E\dfrac{E}{X_c} = 3\omega CE^2 = 3 \times 2\pi fCE^2 = 3 \times 2\pi fCV^2$ [kVA] (△ 결선 시 $E = V$)

12 ★★★☆☆
그림과 같이 지선을 가설하여 전주에 가해진 수평 장력 800[kg]을 지지하고자 한다. 4[mm] 철선을 지선으로 사용한다면 몇 가닥으로 하면 되는지 구하시오. 단, 4[mm] 철선 1가닥의 인장 하중은 440[kg]으로 하고 안전율은 2.5이다.

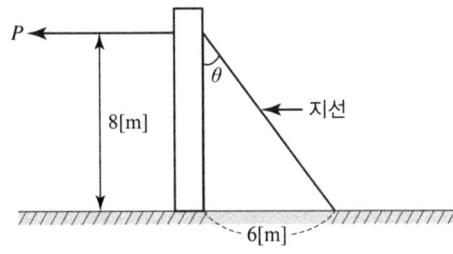

• 계산 : • 답 :

> **Answer**

계산 : $\sin\theta = \dfrac{6}{\sqrt{8^2+6^2}} = \dfrac{6}{10}$

$T_0 = \dfrac{800}{\dfrac{6}{10}} = \dfrac{10}{6} \times 800 = 1,333.33$ [kg] $= \dfrac{440 \times n}{2.5}$

$\therefore\ n = \dfrac{1,333.33 \times 2.5}{440} = 7.58$

답 : 8가닥

> **Explanation**

• 지선의 장력(T_0) $= \dfrac{T}{\cos\theta} = \dfrac{\text{소선 1가닥의 인장 강도} \times \text{소선수}}{\text{안전율}}$

 여기서, T는 수평장력

 문제에서 $\sin\theta = \dfrac{6}{\sqrt{8^2+6^2}} = 0.6$이며 θ의 위치 때문에 $\sin$으로 구한 것임

 여기서, 전선의 가닥수는 무조건 절상

13 ★★★☆☆
용어의 정의에서 방전등 기구에 대하여 설명하시오.

• 답 :

> **Answer**

기체 또는 증기 중의 방전을 이용하여 발광되는 램프를 광원으로 사용하는 등기구

> **Explanation**

방전등의 종류 : 형광등, 수은등, 나트륨등, 메탈할라이드등

14

3상 4선식 접속의 경우에 그림과 같이 전압선의 표시가 L1상, L2상, L3상, N상으로 표시되었다. L1, L2, L3, N의 전선의 색상을 적으시오.

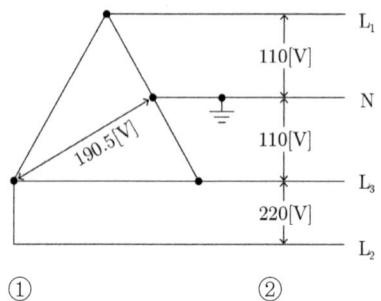

상(문자)	색상
L1	①
L2	②
L3	③
N	④

① ② ③ ④

Answer

① 갈색   ② 흑색   ③ 회색   ④ 청색

Explanation

(KEC 121.2조) 전선의 식별
1. 전선의 색상은 아래의 표에 따른다.

상(문자)	색상
L1	갈색
L2	흑색
L3	회색
N	청색
보호도체	녹색-노란색

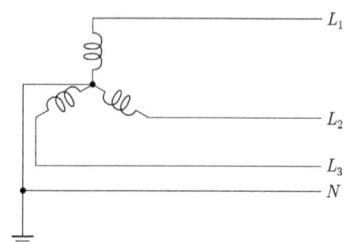

2. 색상 식별이 종단 및 연결 지점에서만 이루어지는 나도체 등은 전선 종단부에 색상이 반영구적으로 유지될 수 있는 도색, 밴드, 색 테이프 등의 방법으로 표시해야 한다.

15

한 개의 전등을 3개소에서 점멸하고자 할 때 소요되는 3로 스위치의 수는?

Answer

4개

Explanation

3개소에서 점멸하도록 회로를 구성할 때
① 3로 스위치 2개와 4로 스위치 1개를 사용한 경우   ② 3로 스위치 4개를 사용한 경우

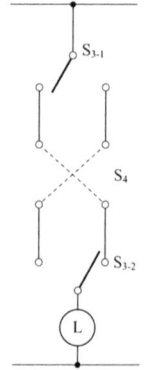 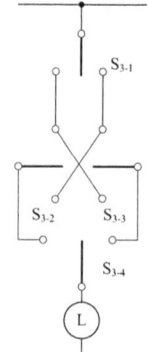

16 그림과 같은 철탑을 무슨 철탑이라 하는가?

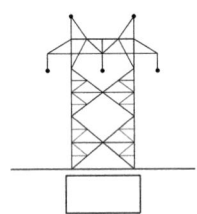

Answer

방형 철탑

Explanation

철탑의 형태에 의한 종류
- **사각 철탑** : 4면이 동일한 모양과 강도를 가진 철탑으로 2회선용으로 사용할 수 있으며 현재 가장 많이 사용되고 있다.
- **방형 철탑** : 마주 보는 2면이 각각 동일한 모양과 강도를 가진 철탑으로 1회선용으로 사용된다.
- **우두형 철탑** : 중간부 이상이 특히 넓은 형의 철탑으로 외국의 경우 초고압 송전선이나 눈이 많은 지역에 사용된다.
- **문형 철탑(Gantry Tower)** : 전차선로나 수로, 도로상에 송전선을 시설할 때 많이 사용된다.
- **회전형 철탑** : 철탑의 중앙부 이상과 이하가 45°회전형의 철탑으로 철탑부재의 강도를 가장 유용하게 이용한 철탑이다.
- **MC 철탑** : 스위스의 Motor Columbus사가 개발한 철탑으로 콘크리트를 채운 강관형 철탑으로 철강재가 적어 경량화가 가능하며 운반 조립이 쉬운 철탑이다.

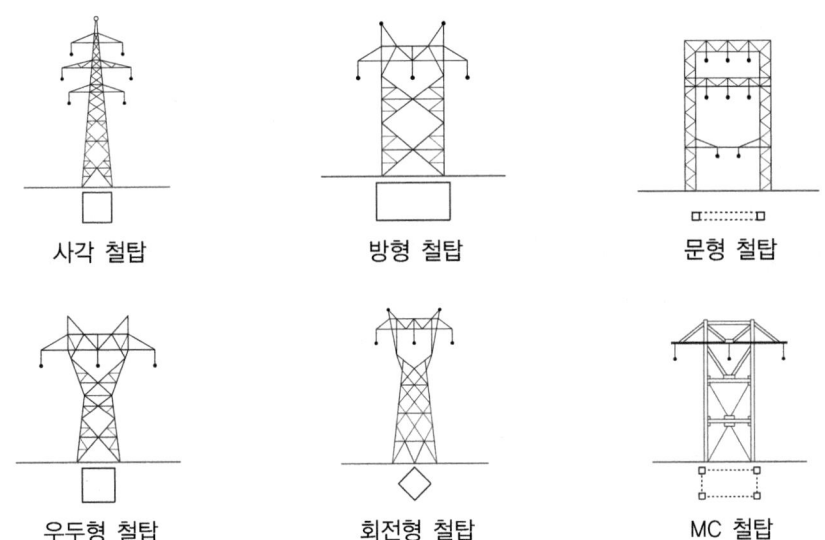

17 전기설비의 접지 목적에 대하여 3가지만 쓰시오.

①   ②   ③

Answer

① 감전방지   ② 이상전압의 억제   ③ 보호계전기의 동작 보호

Explanation

① 감전방지 : 기기의 절연 열화나 손상 등으로 누전이 발생하면 전류가 접지도체로 흘러 기기의 대지 전위 상승이 억제 되고 인체의 감전 위험이 줄어들게 된다.
② 이상전압의 억제 : 뇌전류 또는 고 저압 혼촉 등에 의하여 침입하는 고전압을 접지도체를 통해 대지로 흘려보내 기기의 손상을 방지할 수 있다.
③ 보호계전기의 동작 보호 : 지락 사고 시에 일정 크기 이상의 지락 전류가 쉽게 흐르기 때문에 지락 계전기 등의 동작을 확실하게 할 수 있다.
④ 전로의 대지전압의 저하 : 3상 4선식 전로의 중성점을 접지하면 각 선의 대지전압은 선간전압의 $1/\sqrt{3}$로 낮아진다.

18 ★★★☆☆

전기설비에 있어서 감전예방의 종류 중 간접접촉예방은 전기설비에 지락 등의 고장이 발생한 경우에 해당 전기설비에 사람 또는 동물이 접촉한 경우를 대비하여 감전예방을 위한 보호이다. 간접 접촉예방을 위한 보호방법을 5가지만 쓰시오.

① ②
③ ④
⑤

Answer

① 운전 중인 전기설비에 고장이 발생하는 즉시 고장설비의 전원을 차단
② 전기설비를 이중절연 또는 강화절연
③ 비도전성 장소
④ 비접지 국부등전위본딩 등의 보호방식
⑤ 전기적 분리

Explanation

(KEC 113.2조) 감전에 대한 보호
(1) 기본보호
   일반적으로 직접접촉을 방지하는 것으로, 전기설비의 충전부에 인축이 접촉하여 일어날 수 있는 위험으로부터 보호
   가. 인축의 몸을 통해 전류가 흐르는 것을 방지
      - 충전부에 전기절연
      - 접촉을 방지하기 위한 충분한 거리 확보(격벽 또는 외함, 장애물 등)
   나. 인축의 몸에 흐르는 전류를 위험하지 않는 값 이하로 제한
      - 공급전압을 50[V] 이하로 제한 등
(2) 고장 보호
   일반적으로 기본절연의 고장에 의한 간접접촉을 방지
   가. 인축의 몸을 통해 고장전류가 흐르는 것을 방지
      - 운전 중인 전기설비에 고장이 발생하는 즉시 고장설비의 전원을 차단
      - 전기설비를 이중절연 또는 강화절연
      - 전기적 분리
      - 비도전성장소
      - 비접지 국부등전위본딩 등의 보호방식
   나. 인축의 몸에 흐르는 고장전류를 위험하지 않은 값 이하로 제한
      - 절연고장 설비의 노출도전부를 접촉하더라도 인축의 몸에 위험한 전류가 30[mA] 이상 흐르지 못하도록 하는 방식
   다. 인축의 몸에 흐르는 고장전류의 지속시간을 위험하지 않은 시간까지로 제한
      - 전원측에 보호장치를 설치하여 고장전류의 지속시간을 단축하도록 하여 인체에 흐르는 전기량이 30[mA·s] 이하가 되도록 하는 방식

19 변압기의 고압·특고압측 전로 또는 사용전압이 35[kV] 이하의 특고압전로가 저압측 전로와 혼촉하고 저압전로의 대지전압이 150[V]를 초과하는 경우 1초를 넘고 2초 이내에 자동으로 차단하는 장치를 설치한 경우 지락전류가 10[A]라면 변압기 중성점 접지저항 값은 얼마인가?

• 계산 :   • 답 :

Answer

계산 : $R = \dfrac{300}{I_1} = \dfrac{300}{10} = 30[\Omega]$ 답 : 30[Ω]

Explanation

(KEC 142.5조) 변압기 중성점 접지
① 변압기의 중성점접지 저항 값(변압기의 고압·특고압측)
　가. 일반적 : $\dfrac{150}{I_1}$ 이하   여기서, I_1은 전로의 1선 지락전류
　나. 변압기의 고압·특고압측 전로 또는 사용전압이 35[kV] 이하의 특고압전로가 저압측 전로와 혼촉하고 저압전로의 대지전압이 150[V]를 초과하는 경우
　　• 1초 초과 2초 이내에 자동으로 차단하는 장치를 설치 : $\dfrac{300}{I_1}$ 이하
　　• 1초 이내에 자동으로 차단하는 장치를 설치 : $\dfrac{600}{I_1}$ 이하
② 전로의 1선 지락전류 : 실측값 사용(단, 실측이 곤란한 경우 선로정수 등으로 계산한 값)

20 그림과 같이 3상 3선식 200[V] 수전인 경우 설비 불평형률을 계산하여라. 단, H는 전열기, M은 전동기, 전동기 역률은 80[%]로 한다.

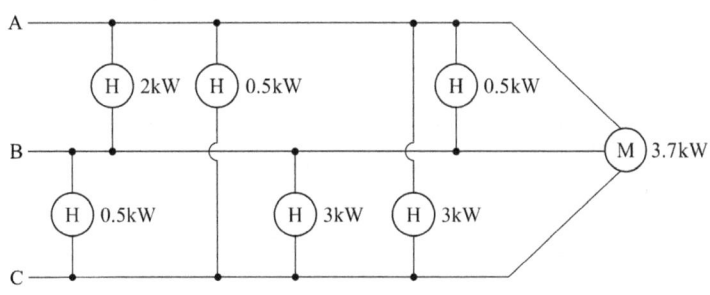

• 계산 :   • 답 :

Answer

계산 : 불평형률 $= \dfrac{(3+0.5)-(2+0.5)}{(2+0.5+0.5+3+0.5+3+\frac{3.7}{0.8})\times \frac{1}{3}} \times 100 = 21.24[\%]$ 답 : 21.24[%]

Explanation

(내선규정 제1,410-1) 설비 부하평형 시설
저압, 고압 및 특별 고압 수전의 3상 3선식 또는 3상 4선식에서 불평형 부하의 한도는 단상 접속부하로 계산하여 설비불평형률을 30[%] 이하로 하는 것을 원칙으로 한다.
다만, 다음 각 호의 경우는 이 제한에 따르지 않을 수 있다.
① 저압 수전에서 전용변압기로 수전하는 경우
② 고압 및 특고압수전에서 100[kVA](kW) 이하인 경우
③ 고압 및 특고압수전에서 단상부하용량의 최대와 최소의 차가 100[kVA](kW) 이하인 경우

④ 특고압수전에서 100[kVA](kW) 이하의 단상 변압기 2대로 역(逆)V결선하는 경우
  [주] 이 경우의 설비불평형률이란 각 선간에 접속되는 단상부하 총 설비용량[VA]의 최대와 최소의 차와 총 부하설비용량[VA] 평균값의 비[%]를 말하며 다음의 식으로 나타낸다.

$$설비불평형률 = \frac{각 선간에 접속되는 단상부하 총 설비용량[kVA]의 최대와 최소의 차}{총 부하 설비용량의 1/3} \times 100[\%]$$

여기서, A-B 선간 부하 : 2+0.5=2.5[kVA](최소)
B-C 선간 부하 : 0.5+3=3.5[kVA](최대)
C-A 선간 부하 : 0.5+3=3.5[kVA]

21 ★★★☆☆
전기설비의 시공에 대한 검사는 육안검사 및 시험에 따른다. 이때 육안검사 항목 5가지를 적어라.
① ②
③ ④
⑤

Answer
① 전기기기의 표시 확인과 손상 유무 점검   ② 감전 예방의 종류 확인
③ 허용 전류 및 전압강하에 관한 전선의 선정   ④ 보호장치 및 감시장치의 선택 및 시설
⑤ 단로장치 및 개폐장치의 시설

Explanation
(내선규정 5,500-7) 검사 및 시험항목

	항목
육안검사	1. 전기기기의 표시 확인과 손상 유무 점검
	2. 감전 예방의 종류 확인
	3. 화재의 파급을 예방하기 위한 방재벽의 존재 및 기타 예방 조치와 기타 열 영향에 대한 보호
	4. 허용 전류 및 전압강하에 관한 전선의 선정
	5. 보호 장치 및 감시 장치의 선택 및 시설
	6. 단로 장치 및 개폐 장치의 시설
	7. 외적 영향에 따른 적절한 기기 및 보호 수단 선정
	8. 중성선 및 보호선의 식별
	9. 회로, 퓨즈, 개폐기, 단자 등의 식별
	10. 전선 접속의 적정성
	11. 조삭 및 보수의 편리성을 위한 접근 가능성
	12. 접지계통 종류의 확인
	13. 접지설비의 시공 확인
시험	1. 시험 순서
	2. 주 및 보조 등전위 접속을 포함하는 보호선의 연속성
	3. 전기설비의 절연저항
	4. 회로 분리에 의한 보호
	5. 바닥과 벽의 저항
	6. 전원의 자동 차단에 의한 보호조건 검사
	7. 접지극의 저항 측정

8. 보호선의 저항 측정	
9. 극성 시험	
10. 과전압에 대한 보호검사	

22 ★★★☆☆
축전지의 용량 산출에 필요한 조건 6가지를 쓰시오.

①   ②
③   ④
⑤   ⑥

Answer

① 부하의 크기와 성질
② 예상 정전 시간
③ 순시 최대 방전전류의 세기
④ 제어 케이블에 의한 전압강하
⑤ 경년에 의한 용량의 감소
⑥ 온도 변화에 의한 용량 보정

Explanation

무정전 전원 공급 장치(UPS : Uninterruptible Power Supply)
• 구성 : 축전지, 정류 장치(Converter), 역변환 장치(Inverter)
• 선로의 정전이나 입력 전원에 이상 상태가 발생하였을 경우에도 정상적으로 전력을 부하 측에 공급하는 설비

UPS의 구성도

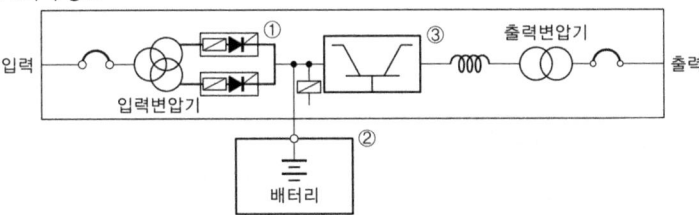

UPS 구성 장치
① 순변환(정류) 장치(Converter) : 교류를 직류로 변환
② 축전지 : 정류 장치에 의해 변환된 직류전력을 저장
③ 역변환 장치(Inverter) : 직류를 상용 주파수의 교류전압으로 변환

축전지 용량
$C = \dfrac{1}{L} KI [Ah]$

여기서, C : 축전지의 용량 [Ah]
      L : 보수율(경년용량 저하율)
      K : 용량환산 시간 계수
      I : 방전전류[A]

23 ★★★☆☆
그림은 옥내전등 배선도의 일부를 표시한 것이다. 백열등 L_1, L_2, L_3은 3로 스위치로 점멸하고 백열등 L_4, L_5는 단로 스위치로 점멸할 수 있도록 ① ~ ④까지의 전선(가닥) 수를 답란에 적어라. 단, 접지도체는 제외하고 최소 가닥수를 기입하여라.

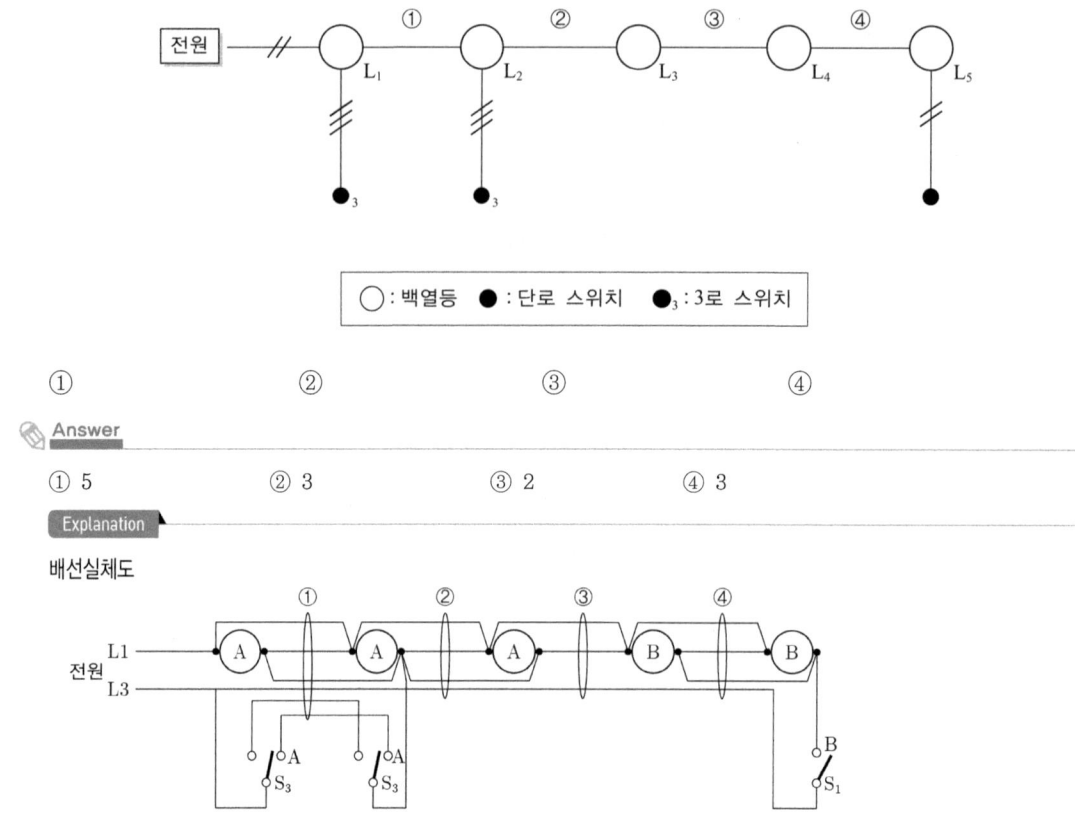

① ② ③ ④

Answer

① 5 ② 3 ③ 2 ④ 3

Explanation

배선실체도

24

154[kV] 3상 3선식 전선로에서 각 선의 정전용량이 각각 $C_a = 0.031[\mu F]$, $C_b = 0.030[\mu F]$, $C_c = 0.032[\mu F]$일 때 변압기의 중성점 잔류전압은 몇 [V]인지 계산하시오.(단, 소수점 이하는 버림)

• 계산 : • 답 :

Answer

계산 : $E_n = \dfrac{\sqrt{C_a(C_a - C_b) + C_b(C_b - C_c) + C_c(C_c - C_a)}}{C_a + C_b + C_c} E$

$= \dfrac{\sqrt{0.031(0.031 - 0.030) + 0.030(0.030 - 0.032) + 0.032(0.032 - 0.031)}}{0.031 + 0.030 + 0.032} \times \dfrac{154{,}000}{\sqrt{3}}$

$= 1{,}655.91[V]$

답 : 1,655[V]

Explanation

중성점의 잔류 전압

중성점 잔류전압은 보통의 운전 상태에서 중성점을 접지하지 않은 경우의 중성점과 대지간의 전압을 말한다. 이러한 잔류전압은 연가가 불충분한 경우가 가장 주된 원인으로, 완전한 연가에 의해 0이 될 수 있다.
잔류전압의 계산은 다음과 같다.
① 3상 전류는 $I_a + I_b + I_c = 0$이므로
② 전류 $I = \dfrac{E}{X_c} = \dfrac{E}{\dfrac{1}{j\omega C}} = j\omega CE$에서
  • a상 전류 : $I_a = j\omega C_a(E_a + E_n)$
  • b상 전류 : $I_b = j\omega C_b(E_b + E_n)$

- c상 전류 : $I_c = j\omega C_c(E_c + E_n)$

③ 잔류전압은 다음과 같다.
$I_a + I_b + I_c = 0$에서
$j\omega C_a(E_a + E_n) + j\omega C_b(E_b + E_n) + j\omega C_c(E_c + E_n) = 0$
$j\omega(C_a E_a + C_b E_b + C_c E_c) + j\omega E_n(C_a + C_b + C_c) = 0$
여기서, 잔류전압 $|E_n| = \dfrac{C_a E_a + C_b E_b + C_c E_c}{C_a + C_b + C_c}$ 이며

$E_a = E,\ E_b = a^2 E = \left(-\dfrac{1}{2} - j\dfrac{\sqrt{3}}{2}\right)E,\ E_c = aE = \left(-\dfrac{1}{2} + j\dfrac{\sqrt{3}}{2}\right)E$ 을 대입하면

잔류전압은 $E_n = \dfrac{\sqrt{C_a(C_a - C_b) + C_b(C_b - C_c) + C_c(C_c - C_a)}}{C_a + C_b + C_c} E$

$= \dfrac{\sqrt{C_a(C_a - C_b) + C_b(C_b - C_c) + C_c(C_c - C_a)}}{C_a + C_b + C_c} \times \dfrac{V}{\sqrt{3}}$ [V]

만약에 연가가 되어 있다면 $C_a = C_b = C_c$이므로 잔류전압 $E_n = 0$이 된다.

25. 계장공사에서 잡음(노이즈) 방지를 위해 접지공사를 하는데 이것을 무엇이라 하는지 적으시오.

• 답 :

노이즈 방지용 접지

Explanation

노이즈 방지용 접지
어떤 전자장치의 노이즈 발생 또는 기타 발생 원인으로부터 또 다른 전자장치의 오동작, 통신장애 기타 다른 기기에 장애를 일으키지 않도록 하기 위한 접지

26. "분기회로"란 무엇인지 용어의 정의를 쓰시오.

• 답 :

간선에서 분기하여 분기과전류차단기를 거쳐서 부하에 이르는 사이의 배선

Explanation

(내선규정 1300) 용어
분기회로(分岐回路)란 간선에서 분기하여 분기과전류차단기를 거쳐서 부하에 이르는 사이의 배선을 말한다.

27 그림과 같이 330[mm²]의 ACSR을 300[m]의 경간에 가설하려 한다. 이 전선의 이도는 계산으로는 10[m]였지만, 가설 후 실측해 보니 9[m]였기 때문에 1[m] 증가시켜 주어야 하는데, 전선을 경간에 얼마 [m]만큼 밀어 넣어 주어야 하는가?

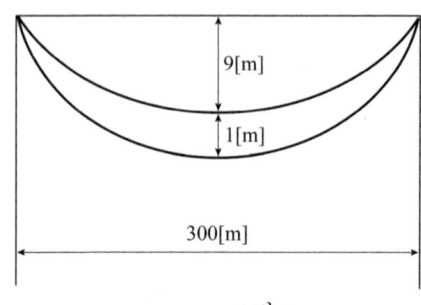

• 계산 :   • 답 :

Answer

계산 : 이도 10[m]일 때 전선의 길이 $L_1 = 300 + \dfrac{8 \times 10^2}{3 \times 300} = 300.89\,[\text{m}]$

이도 9[m]일 때 전선의 길이 $L_2 = 300 + \dfrac{8 \times 9^2}{3 \times 300} = 300.72\,[\text{m}]$

∴ $L_1 - L_2 = 0.17\,[\text{m}]$ 답 : 0.17[m]

Explanation

• 이도 : $D = \dfrac{WS^2}{8T} = \dfrac{WS^2}{8 \times \dfrac{\text{인장하중}}{\text{안전율}}}$

• 실제 길이 : $L = S + \dfrac{8D^2}{3S}$

여기서, L : 전선의 실제 길이[m], D : 이도[m], S : 경간[m]

28 송전계통의 변압기 중성점 접지방식 4가지만 쓰시오.

•   •   •   •

Answer

비접지방식, 직접접지방식, 저항접지방식, 소호리액터접지 방식

Explanation

중성점 접지의 종류
① 비접지 방식($Z_n = \infty$) : 사용전압 : 20 ~ 30[kV]의 저전압 단거리
② 직접 접지 방식($Z_n = 0$) : 직접접지 방식은 우리나라 송전선로의 대부분을 차지하며 154[kV], 345[kV], 765[kV] 등에 사용
③ 저항 접지 방식($Z_n = R$)
④ 소호리액터 접지 방식($Z_n = jX_L$)

29 견적 순서를 발주자 및 수주자 입장에서 작성해 보면 다음의 흐름도와 같다. 빈칸 ①~⑤에 알맞은 답을 빈칸에 써넣으시오.

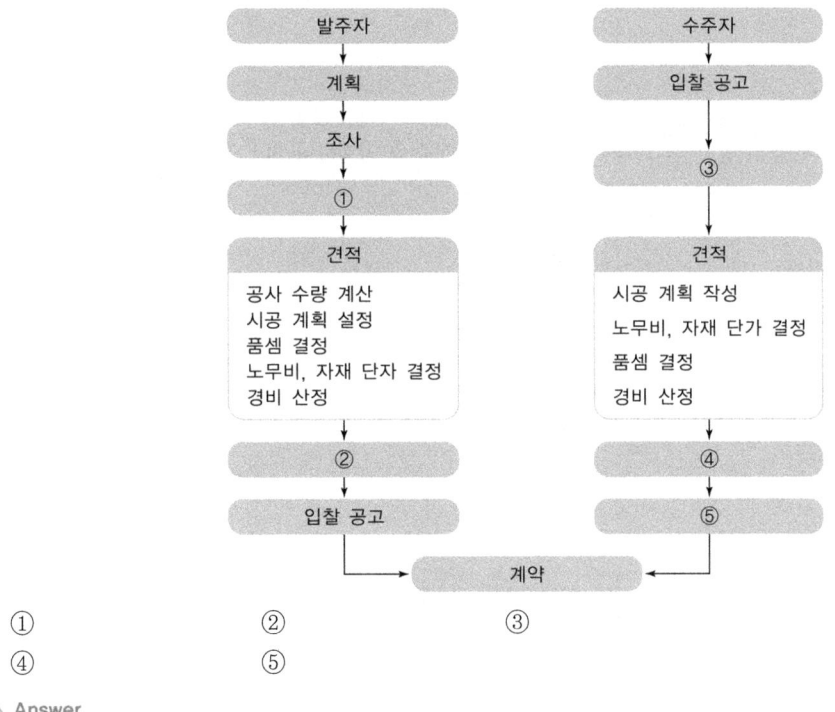

① ② ③
④ ⑤

Answer

① 설계 ② 예정가격 결정 ③ 현장 설명 ④ 견적가 결정 ⑤ 입찰

Explanation

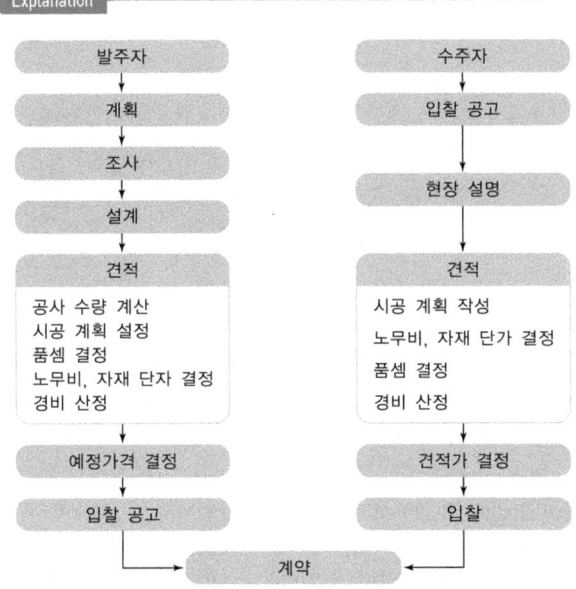

30. 피뢰기의 구성 요소 2가지를 쓰고 그 역할을 설명하시오.

①
②

Answer

① 직렬 갭 : 뇌 전류를 대지로 방전시키고 속류를 차단
② 특성 요소 : 뇌 전류 방전 시 피뢰기 자신의 전위 상승을 억제하여 자신의 절연파괴 방지

Explanation

피뢰기의 구성
① 직렬 갭 : 이상전압 내습 시 뇌전압을 방전하고 그 속류를 차단
  상시에는 누설전류 방지
② 특성 요소 : 뇌 전류 방전 시 피뢰기 자신의 전위 상승을 억제하여
  자신의 절연파괴 방지
  • 갭형 피뢰기 : 탄화규소(SiC)
  • 갭레스형 피뢰기 : 산화아연(ZnO)

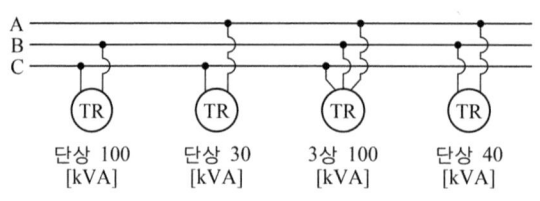

31. 그림과 같은 3상 3선식 3,300[V] 배전선로에서 단상 및 3상 변압기에 전력을 공급하고자 한다. 선로의 불평형률은 몇 [%]인가?

```
A ─────●──────●──────●──────●─────
B ─────●──────●──────●──────●─────
C ─────●──────●──────●──────●─────
       │      │      │      │
      (TR)  (TR)   (TR)   (TR)
     단상 100  단상 30  3상 100  단상 40
     [kVA]   [kVA]   [kVA]   [kVA]
```

• 계산 :   • 답 :

Answer

계산 : 설비 불평형률 = $\dfrac{100-30}{\dfrac{1}{3}\times(100+30+100+40)} \times 100 ≒ 77.78[\%]$ 답 : 77.78[%]

Explanation

설비불평형률

저압, 고압 및 특별고압 수전의 3상 3선식 또는 3상 4선식에서 불평형 부하의 한도는 단상 접속부하로 계산하여 설비 불평형률을 30[%] 이하로 하는 것을 원칙으로 한다.
다만, 다음 각 호의 경우는 이 제한에 따르지 않을 수 있다.
① 저압 수전에서 전용변압기로 수전하는 경우
② 고압 및 특고압 수전에서 100[kVA](kW) 이하인 경우
③ 고압 및 특고압 수전에서 단상 부하용량의 최대와 최소의 차가 100[kVA](kW) 이하인 경우
④ 특고압 수전에서 100[kVA](kW) 이하의 단상 변압기 2대로 역(逆)V결선하는 경우
  [주] 이 경우의 설비 불평형률이란 각 선간에 접속되는 단상부하 총 설비용량[VA]의 최대와 최소의 차와 총 부하 설비용량[VA] 평균값의 비[%]를 말하며 다음의 식으로 나타낸다.

설비 불평형률 = $\dfrac{\text{각 선간에 접속되는 단상부하 총 설비용량[kVA]의 최대와 최소의 차}}{\text{총 부하 설비용량의 }1/3} \times 100[\%]$

여기서, A-B 선간 부하 : 40[kVA]
     B-C 선간 부하 : 100[kVA](최대)
     C-A 선간 부하 : 30[kVA](최소)

32 그림과 같은 단상 2선식 회로에서 인입구 A점의 전압이 220[V]일 때 B점에서의 전압을 계산하시오. 단, 선로에 표기된 저항값은 2선값이다.

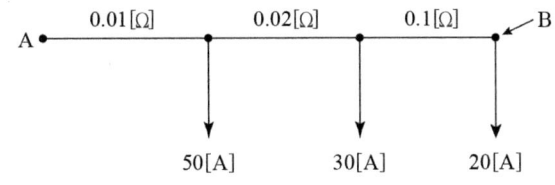

• 계산 :   • 답 :

Answer

계산 : 50[A]점 전압 $V_{50} = 220 - 0.01 \times (50+30+20) = 219$[V]
　　　30[A]점 전압 $V_{30} = 219 - 0.02 \times (30+20) = 218$[V]
　　　20[A]점(B점) 전압 $V_{20} = 218 - 0.1 \times 20 = 216$[V]　　　　　　　답 : 216[V]

Explanation

전압강하
$e = 2IR$　　여기서, R은 1선당 저항값
$e = IR$　　여기서, R은 2선당 저항값

33 일반적으로 전력용 변압기의 절연유에 요구되는 성질을 5가지만 적으시오.
① 　　　　　　　　　　　　　②
③ 　　　　　　　　　　　　　④
⑤

Answer

① 절연내력이 클 것
② 점도가 낮고, 냉각 효과가 클 것
③ 인화점은 높을 것
④ 응고점은 낮을 것
⑤ 고온에서 산화하지 않고, 석출물이 생기지 않을 것

Explanation

절연유
변압기에 사용하는 광유는 공기에 비해 절연내력이 우수하고 비열이 공기에 비해 커서 냉각 효과가 우수하므로 변압기의 절연 및 냉각재로 많이 사용된다.
• 절연유의 구비조건
① 절연내력이 클 것
② 점도가 낮고, 냉각 효과가 클 것
③ 인화점은 높고, 응고점은 낮을 것
④ 고온에서 산화하지 않고, 석출물이 생기지 않을 것

34 다음 설명과 같은 조명 방식의 명칭과 용도를 적어라.
• 조명 방식 : 벽면을 밝은 광원으로 조명하는 방식으로 숨겨진 램프의 직접광이 아래쪽 벽, 커튼, 위쪽 천장면에 쪼이도록 조명하는 방식이다.

- 특징 : 실내면을 황색으로 마감하고 밸런스 판으로 목재, 금속판 등 투과율이 낮은 재료를 사용하고 램프로는 형광램프가 적정하다.
- 명칭 :   • 용도 :

Answer

- 명칭 : 밸런스 조명   • 용도 : 분위기 조명

Explanation

건축화 조명
- 루버 천장 조명
  - 천장면에 루버판을 부착하고 천장 내부에 광원을 배치하여 조명하는 방식
  - 낮은 휘도, 밝은 직사광을 얻고 싶은 경우 훌륭한 조명 효과
- 다운라이트 조명
  천장면에 작은 구멍을 많이 뚫어 그 속에 여러 형태의 하면개방형, 하면루버형, 하면확산형, 반사형 전구 등의 등기구를 매입하는 조명 방식
- 코퍼 조명
  - 천장면을 여러 형태의 사각, 동그라미 등으로 오려내고 다양한 형태의 매입기구를 취부하여 실내의 단조로움을 피하는 조명 방식
  - 고천장의 은행 영업실, 1층홀, 백화점 1층 등에 사용
- 밸런스 조명
  벽면을 밝은 광원으로 조명하는 방식으로 숨겨진 램프의 직접광이 아래쪽 벽, 커튼, 위쪽 천장면에 쪼이도록 조명하는 방식으로 분위기 조명
- 코브 조명
  - 램프를 감추고 코브의 벽, 천장 면에 플라스틱, 목재 등을 이용하여 간접 조명으로 만들어 그 반사광으로 채광하는 조명 방식
  - 천장과 벽이 2차 광원이 되므로 반사율과 확산성이 높아야 한다.
- 코너 조명
  - 천장과 벽면의 경계 구석에 등기구를 배치하여 조명하는 방식
  - 천장과 벽면을 동시에 투사하는 실내 조명 방식으로 지하도용에 이용
- 코니스 조명
  - 코너 조명과 같이 천장과 벽면 경계에 건축적으로 둘레턱을 만들어 내부에 등기구를 배치하여 조명하는 방식으로, 아래 방향의 벽면을 조명하는 방식
- 광량 조명
  연속열 등기구를 천장에 매입하거나 들보에 설치하는 조명 방식
- 광천장 조명
  천장면에 확산투과재인 메탈 아크릴 수지판을 붙이고 천장 내부에 광원 설치하는 조명 방식
- 건축화 조명의 종류

광량 조명	광천장 조명	코니스 조명
코퍼 조명	루버 조명	밸런스 조명
다운라이트 조명	코브 조명	코너 조명

35. 피뢰기에 대한 다음 각 물음에 답하시오.

(1) 현재 사용되고 있는 교류용 피뢰기의 구조는 무엇과 무엇으로 구성되어 있는가?
(2) 피뢰기의 정격 전압은 어떤 전압을 말하는가?
(3) 피뢰기의 제한 전압은 어떤 전압을 말하는가?

Answer

(1) 직렬갭과 특성 요소
(2) 속류를 차단할 수 있는 교류 최고 전압
(3) 피뢰기 방전 중 피뢰기 단자에 남게 되는 충격전압

Explanation

(1) 피뢰기의 구성
- 직렬갭 : 이상전압 내습 시 뇌전압을 방전하고 그 속류를 차단
  상시에는 누설전류 방지
- 특성 요소 : 뇌전류 방전 시 피뢰기 자신의 전위상승을 억제하여 자신의 절연파괴를 방지한다.
  - 갭형 피뢰기 : 탄화규소(SiC)
  - 갭리스형 피뢰기 : 산화아연(ZnO)

(2) 피뢰기의 정격 전압
- 속류가 차단(제거)이 되는 교류의 최고 전압
- 상용 주파 허용 단자전압(상용 주파의 방전개시전압으로 피뢰기 정격 전압의 1.5배 이상이 되도록 잡고 있다.)
- 정격 전압 $V = \alpha\beta V_m$ [V]
  여기서, α : 접지계수(1선 지락 시 건전상의 전위 상승)
  β : 여유도 1.15
  V_m : 계통의 최고 허용전압
- 피뢰기의 정격 전압

전력 계통		피뢰기 정격 전압[kV]	
공칭 전압[kV]	중성점 접지 방식	변전소	배전 선로
345	유효접지	288	-
154	유효접지	144	-
66	PC접지 또는 비접지	72	-
22	PC접지 또는 비접지	24	-
22.9	3상 4선 다중접지	21	18

[주] 전압 22.9[kV-Y] 이하의 배전선로에서 수전하는 설비의 피뢰기 정격 전압[kV]은 배전선로용을 적용한다.

(3) 피뢰기의 제한전압
- 방전되어 저하된 단자전압
- 피뢰기 동작 중 단자전압의 파고치
- 충격파 전류가 흐르고 있을 때의 피뢰기 단자전압

36. 그림기호는 배관의 심벌이다. 어떤 전선관인 경우인가?

(1)
2.5㎠(VE16)

(2)
2.5㎠(PF16)

Answer

(1) 경질비닐전선관
(2) 합성수지제 가요관

Explanation

(내선규정 100-5) 배선, 배관 기호
- 강제 전선관은 별도의 표기 없음
- F_2 : 2종 금속제 가요 전선관
- VE : 경질 비닐 전선관
- PF : 합성수지제 가요관

37 ★★★☆☆
금속제 전선관의 치수에서 후강전선관의 호칭은 다음과 같다. ( ) 안에 관의 호칭을 쓰시오.

> 16, 22, (　), (　), 42, (　), 70, (　), 92, (　)

Answer

28, 36, 54, 82, 104

Explanation

(내선규정 2,225) 금속관의 종류

종류	관의 호칭
후강 전선관(근사내경, 짝수, G)	16　22　28　36　42　54　70　82　92　104
박강 전선관(근사외경, 홀수, C)	19　25　31　39　51　63　75
나사 없는 전선관(E)	박강 전선관과 치수가 같다.

38 ★★★☆☆
다음 저항을 측정하는 데 가장 적당한 측정 방법은?

(1) 변압기의 절연저항
(2) 검류계의 내부저항
(3) 전해액의 저항
(4) 굵은 나전선의 저항
(5) 접지저항 측정

Answer

(1) 메거(절연저항계)　(2) 휘스톤 브리지　(3) 콜라우시 브리지
(4) 캘빈더블 브리지　(5) 콜라우시 브리지(접지저항계)

Explanation

각종 저항 측정 방법
- 캘빈더블 브리지 : 굵은 나전선의 저항
- 휘스톤 브리지 : 검류계의 내부저항, 고저항 측정
- 콜라우시 브리지 : 전해액의 저항, 접지저항
- 메거(절연저항계) : 절연저항
- 전압강하법 : 백열전구의 필라멘트(백열 상태)

39 ★★★☆☆
전력계통에 일반적으로 사용되는 리액터의 설치 목적을 간단히 적으시오.

(1) 병렬 리액터
(2) 직렬 리액터
(3) 소호 리액터

Answer

(1) 병렬 리액터 : 페란티 현상의 방지
(2) 직렬 리액터 : 제5고조파 제거
(3) 소호 리액터 : 지락전류의 제한

> Explanation

종류	사용 목적
분로(병렬) 리액터	페란티 현상의 방지
직렬 리액터	제5고조파 제거
소호 리액터	지락전류의 제한
한류 리액터	단락전류의 제한

40 ★★★☆☆
22.9[kV-Y]로 수전하는 수용가의 수전용량이 750[kVA]이다. 인입구에 시설하는 MOF의 적당한 변류비와 변압비를 표준 규격으로 구하시오. 단, 변류비는 1차 정격 전류의 1.2~1.5배로 한다.

• 계산 :   • 답 :

> Answer

계산 : $I = \dfrac{750 \times 10^3}{\sqrt{3} \times 22.9 \times 10^3} \times (1.2 \sim 1.5) = 22.69 \sim 28.36[A]$ 30/5 선정

답 : 변압비 : $\dfrac{22,900}{\sqrt{3}} / \dfrac{190}{\sqrt{3}}$ (13,200/110), 변류비 : 30/5

> Explanation

보통의 경우 CT 비 : 1차 전류×(1.25~1.5)
CT 1차 전류 : 10, 15, 20, 30, 40, 50, 75, 100, 150, 200, 300, 400, 500[A]
문제에서는 CT의 1차 전류가 범위 내에 없으므로 그보다 큰 30/5를 선정하는 것이 일반적이다.

41 ★★★☆☆
그림에서 S는 인입구 개폐기이다. F는 어떤 개폐기인가?

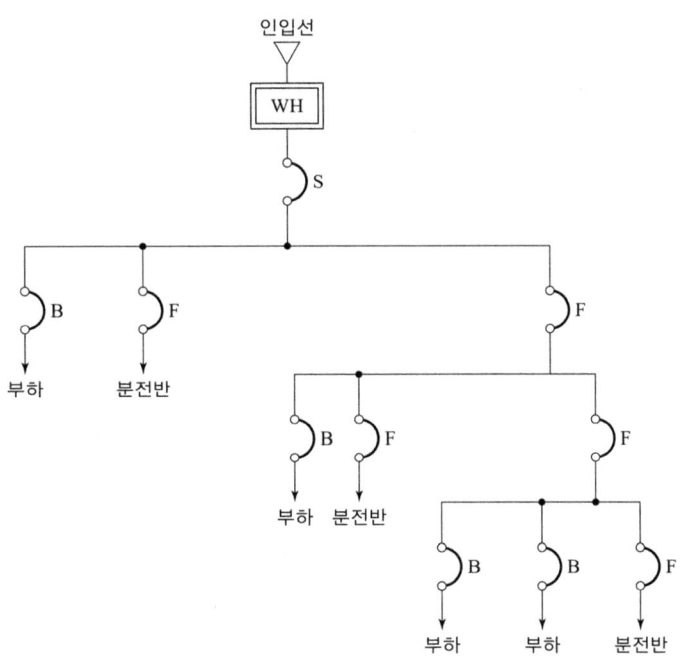

• 답 :

Answer

간선 개폐기

Explanation

S : 인입 개폐기
F : 간선 개폐기

(내선규정 1,465-1) 저압개폐기를 필요로 하는 개요
저압 개폐기는 저압전로 중 다음 각 호의 개소 또는 따로 정하는 개소에 시설하여야 한다.
① 부하전류를 끊거나 흐르게 할 필요가 있는 개소
② 인입구 기타 고장, 점검, 측정, 수리 등에서 개로할 필요가 있는 개소
③ 퓨즈의 전원측(이 경우 개폐기는 퓨즈에 근접하여 설치할 것) 다만, 분기회로용 관전류차단기 이후의 퓨즈가 플러그퓨즈와 같이 퓨즈교환 시에 충전부에 접촉될 우려가 없을 경우는 이 개폐기를 생략할 수 있다.

42 경제적 송전선의 전선의 굵기를 결정하고자 할 때 적용되는 법칙은 무엇인가?

• 답 :

Answer

켈빈의 법칙

Explanation

경제적인 전선의 굵기 선정 : 켈빈의 법칙(Kelvin's law)
켈빈의 법칙은 "전선의 단위 길이당의 연간 전력손실량의 비용과 건설 시 구입한 전선의 단위 길이당 비용의 이자와 감가상각비를 가산한 연간 경비가 같아지는 전선의 굵기가 가장 경제적인 전선의 굵기가 된다."는 것이다.
• 켈빈의 법칙을 적용한 경제적인 전선의 굵기 산정
• 허용 전류 : 연속하여 전류가 흐르는 경우 도체의 수명적 관점에서 실용상 안전하게 보낼 수 있는 전류, 연속 허용온도 90[℃]를 기준
• 기계적 강도
• 전압강하

43 표준 품셈에서 옥외전선 및 옥내전선의 할증률은 각각 몇 [%]인지 쓰시오.

• 옥내전선 :   • 옥외전선 :

Answer

옥내전선 : 10[%]   옥외전선 : 5[%]

Explanation

전기재료 할증

종류	할증률[%]	종류	할증률[%]
옥외전선	5	전선관(옥외)	5
옥내전선	10	전선관(옥내)	10
Cable(옥외)	3	Trolley선	1
Cable(옥내)	5	동대, 동봉	3

44 ★★★☆☆ 그림과 같이 단상 2선식 220[V]의 전원이 공급되는 전동기가 누전으로 인해 외함에 전기가 흐를 때 사람이 접촉하였다. 접촉한 사람에게 위험을 줄 대지전압 V_0은 얼마인가? 단, 변압기 중성점 접지저항은 10[Ω], 전동기 외함 접지저항은 100[Ω]이라 하고 변압기 및 선로의 임피던스는 무시한다.

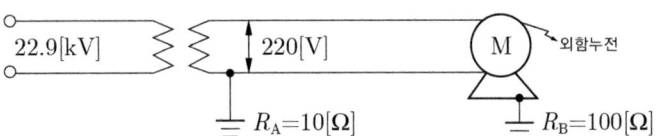

Answer

계산 : $V_0 = \dfrac{100}{100+10} \times 220 = 200[\mathrm{V}]$

답 : 200[V]

Explanation

등가회로로 나타내면

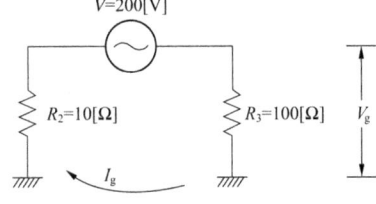

지락전류 $I_g = \dfrac{V}{R_2 + R_3}$

접촉전압 $V_0 = \dfrac{V}{R_2 + R_3} \times R_3$

45 ★★★☆☆ 다음 표의 전로의 사용전압의 구분에 따른 절연저항 값은 몇 [MΩ] 이상이어야 하는지 그 값을 표에 써 넣으시오.

전로의 사용전압[V]	DC 시험전압[V]	절연저항[MΩ]
SELV 및 PELV	250	①
FELV, 500[V] 이하	500	②
500[V] 초과	1,000	③

①　　　　　　　　② 　　　　　　　③

Answer

① 0.5[MΩ]　　② 1.0[MΩ]　　③ 1.0[MΩ]

Explanation

(기술기준 제52조) 저압전로의 절연저항

전기사용 장소의 사용전압이 저압인 전로의 전선 상호간 및 전로와 대지 사이의 절연저항은 개폐기 또는 과전류 차단기로 구분할 수 있는 전로마다 다음 표에서 정한 값 이상이어야 한다. 다만, 전선 상호간의 절연저항은 기계기구를 쉽게 분리가 곤란한 분기회로의 경우 기기 접속 전에 측정할 수 있다.

또한, 측정 시 영향을 주거나 손상을 받을 수 있는 SPD 또는 기타 기기 등은 측정 전에 분리시켜야 하고, 부득이하게 분리가 어려운 경우에는 시험전압을 250[V] DC로 낮추어 측정할 수 있지만 절연저항 값은 1[MΩ] 이상이어야 한다.

전로의 사용전압[V]	DC 시험전압[V]	절연저항[MΩ]
SELV 및 PELV	250	0.5
FELV, 500[V] 이하	500	1.0
500[V] 초과	1,000	1.0

46 ★★★☆☆
전기공사 일반관리비의 계산 방법이다. 다른 공사원가에 따른 일반관리비 비율은 각각 얼마인지 적으시오.

(1) 5억 원 미만 :   [%]
(2) 5억 원 ~ 30억 원 미만 :   [%]
(3) 30억 원 이상 :   [%]

Answer

(1) 6[%]   (2) 5.5[%]   (3) 5[%]

Explanation

일반관리비율

종합공사		전문 · 전기 · 정보통신 · 소방 및 기타공사	
공사원가	일반관리비율[%]	공사원가	일반관리비율[%]
50억 미만	6.0	5억원 미만	6.0
50억원~300억원 미만	5.5	5억원~30억원 미만	5.5
300억원 이상	5.0	30억원 이상	5.0

47 ★★★☆☆
지선에 가해지는 장력이 860[kgf]이라면 3.2[mm]의 철선 몇 가닥을 사용해야 하는가? 단, 철선의 단위 면적당 인장강도는 35[kgf/mm^2], 안전율은 2.5로 한다.

• 계산 :   • 답 :

Answer

계산 : 지선의 장력(T_0)$=\dfrac{\text{소선 1가닥의 인장 강도} \times \text{소선수}}{\text{안전율}}$ 에서

소선수$=\dfrac{\text{지선의 장력} \times \text{안전율}}{\text{소선 1가닥의 인장 강도}} = \dfrac{860 \times 2.5}{35 \times \dfrac{\pi}{4} \times 3.2^2} = 7.64$ 답 : 8가닥

Explanation

• 지선의 장력(T_0)$=\dfrac{\text{소선 1가닥의 인장 강도} \times \text{소선수}}{\text{안전율}}$

• 전선의 단면적 $A = \dfrac{\pi}{4}D^2$[mm^2], 여기서 D는 지름[mm]

여기서, 전선의 가닥 수는 무조건 절상

48 배전용 전주를 건주할 때 표준 근입(지하에 묻히는 길이)은 몇 [m] 이상인가? 단, 설계하중이 6.8[kN]이다.

(1) 15[m] 이하 :

(2) 16[m] 초과 20[m] 이하 :

Answer

(1) 전장 × $\frac{1}{6}$[m] 이상   (2) 2.8[m] 이상

Explanation

(KEC 331.7조) 가공 전선로 지지물의 기초의 안전율
강관을 주체로 하는 철주(이하 "강관주"라 한다.) 또는 철근 콘크리트주로서 그 전체길이가 16[m] 이하, 설계하중이 6.8[kN] 이하인 것 또는 목주를 다음에 의하여 시설하는 경우
- 전체의 길이가 15[m] 이하인 경우는 땅에 묻히는 깊이를 전체 길이의 6분의 1 이상으로 할 것
- 전체의 길이가 15[m]를 초과하는 경우는 땅에 묻히는 깊이를 2.5[m] 이상으로 할 것
- 논이나 그 밖의 지반이 연약한 곳에서는 견고한 근가(根架)를 시설할 것
- 철근 콘크리트주로서 그 전체의 길이가 16[m] 초과 20[m] 이하이고, 설계하중이 6.8[kN] 이하의 것을 논이나 그 밖의 지반이 연약한 곳 이외에 그 묻히는 깊이를 2.8[m] 이상으로 시설하는 경우

49 예비전원으로 저압 발전기 시설 시 고려 사항이다. 다음 ( )에 알맞은 내용을 쓰시오.

> "예비전원으로 시설하는 저압 발전기에서 부하에 이르는 전로에는 발전기에 가까운 곳에서 쉽게 개폐 및 점검을 할 수 있는 곳에 (①), (②), (③), (④)를(을) 시설하여야 한다."

① ② ③ ④

Answer

개폐기, 과전류 차단기, 전압계, 전류계

Explanation

(내선규정 4,168-3) 예비전원 고압 발전기
예비전원으로 시설하는 고압 발전기에서 부하에 이르는 전로에는 발전기에 가까운 곳에 개폐기, 과전류 차단기, 전압계 및 전류계를 다음 각 호에 의해 시설하여야 한다.
- 각 극에 개폐기 및 과전류 차단기를 시설할 것
- 전압계는 각 상의 전압을 읽을 수 있도록 시설할 것
- 전류계는 각 선(중성선 제외)의 전류를 읽을 수 있도록 시설할 것

50 다음 심벌의 명칭을 쓰시오.

  • 답 :

Answer

VVF용 조인트 박스

Explanation

(KS C 0301) 옥내배선용 그림기호 일반 배선

| VVF용 조인트 박스 | | 단자붙이임을 표시하는 경우에는 t를 표기한다. | |

51 금속관 배선공사 시 필요한 부속품 종류 10가지를 쓰시오.

① ② ③ ④
⑤ ⑥ ⑦ ⑧
⑨ ⑩

Answer

① 로크너트 ② 부싱 ③ 엔트런스 캡
④ 터미널 캡 또는 서비스 캡 ⑤ 스위치박스 ⑥ 유니온 커플링
⑦ 접지 클램프 ⑧ 노멀 밴드 ⑨ 유니버셜 엘보
⑩ 새들

Explanation

금속관 공사용 부품

명칭	사용 용도
로크너트(lock nut)	관과 박스를 접속하는 경우
부싱(bushing)	전선 관단에 끼우고 전선을 넣거나 빼는 데 있어서 전선의 피복을 보호하여 전선이 손상되지 않게 하는 것
커플링(coupling)	• 금속관 상호 접속 또는 관과 노멀 밴드와의 접속에 사용 • 관의 양측을 돌려서 접속할 수 없는 경우 : 유니온 커플링
새들(saddle)	노출 배관에서 금속관을 조영재에 고정시키는 데 사용
노멀 밴드(normal bend)	배관의 직각 굴곡에 사용
링 리듀서	금속을 아웃트렛 박스의 로크 아웃에 취부할 때 로크아웃의 구멍이 관의 구멍보다 클 때 사용
스위치 박스(switch box)	매입형의 스위치나 콘센트를 고정하는 데 사용
아웃트렛 박스(outlet box)	전선관 공사에 있어 전등기구나 점멸기 또는 콘센트의 고정, 접속함
콘크리트 박스(concrete box)	콘크리트에 매입 배선용으로 아웃트렛 박스와 같은 목적으로 사용
플로어 박스	바닥 밑으로 매입 배선할 때 사용
유니버셜 엘보우(elbow)	• 노출 배관공사에 관을 직각으로 굽혀야 할 곳의 관 상호 접속 또는 관을 분기해야 할 곳에 사용 • 3방향으로 분기하는 T형, 4방향으로 분기하는 크로스 엘보우
터미널 캡(terminal cap)	전동기에 접속하는 장소나 애자 사용 공사로 옮기는 장소의 관단에 사용
엔트런스 캡(우에사캡)(entrance cap)	인입구, 인출구의 관단에 설치하여 금속관에 접속하여 옥외의 빗물을 막는 데 사용
픽스처 스터드와 히키(fixture stud & hickey)	아웃트렛 박스에 조명기구를 부착시킬 때 사용, 무거운 기구취부
블랭크 와셔(blank washer)	플로어 덕트의 정션 박스에 덕트를 접속하지 않는 곳을 막기 위하여 사용
유니버셜 피팅	노출 배관시 L형 또는 T형으로 구부러지는 장소에 사용

52 ★★★☆☆
배전 변전소 또는 발전소로부터 배전간선에 이르기까지의 도중에 부하가 접속되어 있지 않는 선로를 무엇이라 하는지 적으시오.

• 답 :

Answer

Feeder(급전선)

Explanation

급전선(Feeder) : 배전 변전소 또는 발전소로부터 배전간선에 이르기까지의 도중에 부하가 접속되어 있지 않은 선로

53 ★★★☆☆
다음 심벌은 자동 화재탐지설비의 감지기에 대한 옥내배선용 그림기호이다. 그림기호의 명칭은?

S   • 답 :

Answer

연기 감지기

Explanation

(KS C 0301) 옥내배선용 그림기호 자동 화재 검지 설비

명칭	그림기호	적요
정온식 스폿형 감지기		(1) 필요에 따라 종별을 표기한다. (2) 방수인 것은 ▽ 로 한다. (3) 내산인 것은 ▽ 로 한다. (4) 내알칼리인 것은 ▽ 로 한다. (5) 방폭인 것은 EX를 표기한다.
연기 감지기	S	(1) 필요에 따라 종별을 표기한다. (2) 점검 박스붙이인 경우는 S 로 한다. (3) 매입인 것은 S 로 한다.
감지선	─⊙─	(1) 필요에 따라 종별을 표기한다. (2) 감지선과 전선의 접속점은 ─●─ 로 한다. (3) 가건물 및 천장 안에 시설할 경우는 ──⊙── 로 한다. (4) 관통 위치는 ─○─○─ 로 한다.

54 ★★★☆☆
설계 하중이 8.82[kN]인 철근 콘크리트주의 길이가 16[m]라 한다. 이 지지물을 지반이 연약한 곳 이외에 시설하는 경우 땅에 묻히는 깊이는 최소 몇 [m] 이상으로 하여야 하는지 쓰시오.

• 답 :

Answer

2.8[m] 이상

Explanation

(KEC 331.7조) 가공 전선로 지지물의 기초의 안전율
① 강관을 주체로 하는 철주(이하 "강관주"라 한다.) 또는 철근 콘크리트주로서 그 전체길이가 16[m] 이하, 설계하중이 6.8[kN] 이하인 것 또는 목주를 다음에 의하여 시설하는 경우
   - 전체의 길이가 15[m] 이하인 경우는 땅에 묻히는 깊이를 전체길이의 6분의 1 이상으로 할 것
   - 전체의 길이가 15[m]을 초과하는 경우는 땅에 묻히는 깊이를 2.5[m] 이상으로 할 것
   - 논이나 그 밖의 지반이 연약한 곳에서는 견고한 근가(根架)를 시설할 것
② 철근 콘크리트주로서 그 전체의 길이가 16[m] 초과 20[m] 이하이고, 설계하중이 6.8[kN] 이하의 것을 논이나 그 밖의 지반이 연약한 곳 이외에 그 묻히는 깊이를 2.8[m] 이상으로 시설하는 경우
③ 철근 콘크리트주로서 전체의 길이가 14[m] 이상 20[m] 이하이고, 설계하중이 6.8[kN] 초과 9.8[kN] 이하의 것을 논이나 그 밖의 지반이 연약한 곳. 이외에 시설하는 경우 그 묻히는 깊이는 기준보다 30[cm]를 가산하여 시설하는 경우

55 수·변전설비에서 CT와 PT에 대하여 각각의 물음에 답하시오.

(1) PT의 1차 측과 2차 측에 퓨즈를 접속해야 하는 이유를 설명하시오.
(2) CT의 2차 측에 퓨즈를 접속할 수 없는 이유를 설명하시오.

Answer

(1) 계기용변압기 및 부하 측에 사고 발생 시 이를 고압회로로부터 분리함으로써 PT 보호 및 사고 확대를 방지
(2) 사용 중의 변류기 2차 측에 퓨즈 접속 시 퓨즈가 용단되면 변류기 1차 측 부하 전류가 모두 여자 전류가 되어 변류기 2차 측에 고전압을 유기하여 변류기의 절연을 파괴할 수 있다.

Explanation

계기용변압기의 퓨즈 설치
- 계기용변압기 1차 측에는 과전압에 대한 보호를 위해 부착
- 계기용변압기 2차 측에는 부하의 단락 및 과부하 또는 계기용변압기 단락 시 사고가 확대되는 것을 방지하기 위하여 퓨즈 부착

변류기 2차 측에 퓨즈 접속할 수 없는 이유
- 2차 측 퓨즈 용단 시 2차 측 과전압 유기
- 변류기 점검 시 : 2차 측 단락(2차 측 절연 보호)

56 다음 전선의 표시 약호에 대한 우리말 명칭을 쓰시오.

- RIF 전선 :
- DV 전선 :
- NR 전선 :
- OW 전선 :
- OE 전선 :

Answer

- RIF 전선 : 300/300[V] 유연성 고무절연 고무시스 코드
- DV 전선 : 인입용 비닐절연전선
- NR 전선 : 450/750[V] 일반용 단심 비닐절연전선
- OW 전선 : 옥외용 비닐절연전선
- OE 전선 : 옥외용 폴리에틸렌 절연전선

Explanation

(내선규정 100-2) 전선 약호

약호	명칭
ACSR	강심 알루미늄 연선
ACSR-OC 전선	옥외용 강심 알루미늄도체 가교 폴리에틸렌 절연전선
ACSR-OE 전선	옥외용 강심 알루미늄도체 폴리에틸렌 절연전선
AL-OC 전선	옥외용 알루미늄도체 가교 폴리에틸렌 절연전선
AL-OE 전선	옥외용 알루미늄도체 폴리에틸렌 절연전선
AL-OW 전선	옥외용 알루미늄도체 비닐 절연전선
DV 전선	**인입용 비닐 절연 전선**
FL 전선	형광 방전등용 비닐 전선
HR(0.5) 전선	500 [V] 내열성 고무 절연전선(110[℃])
HR(0.75) 전선	750 [V] 내열성 고무 절연전선(110[℃])
NR 전선	**450/750 [V] 일반용 단심 비닐 절연 전선**
NRI(70) 전선	300/500 [V] 기기 배선용 단심 비닐절연전선(70[℃])
NRI(90) 전선	300/500 [V] 기기 배선용 단심 비닐절연전선(90[℃])
OC 전선	옥외용 가교 폴리에틸렌 절연전선
OE 전선	옥외용 폴리에틸렌 절연전선
OW 전선	옥외용 비닐 절연 전선
RIF 전선	300/300[V] 유연성 고무절연 고무 시스 코드
RICLF 전선	300/300[V] 유연성 고무절연 가교폴리에틸렌 비닐 시스 코드
RL 전선	300/500[V] 유연성 고무 시스 리프트 케이블

57 ★★★☆☆
단상 변압기 10[kVA] 3대로 △ 결선하여 급전하고 있는데 변압기 1대가 고장으로 제거되었다고 한다. 이때의 부하가 27.6[kVA]라면 나머지 2대의 변압기는 몇 [%]의 과부하율로 운전되는가?

• 계산 :   • 답 :

Answer

계산 : V결선 출력 $P = \sqrt{3}\, VI = \sqrt{3} \times 10 [kVA]$

과부하율 $= \dfrac{27.6}{\sqrt{3} \times 10} \times 100 = 159.35[\%]$

답 : 159.35[%]

Explanation

V결선 : 단상 변압기 2대로 결선하여 3상 공급
V결선의 용량은 변압기 1대 용량을 K라 하면 $P_V = \sqrt{3}\, K$이며

이용률 $= \dfrac{\sqrt{3}\,K}{2K} = \dfrac{\sqrt{3}}{2} = 0.866$

출력비 $= \dfrac{\sqrt{3}\,K}{3K} = \dfrac{\sqrt{3}}{3} = 0.5774$

과부하율 $= \dfrac{부하용량}{V결선\ 공급량} \times 100$

58
전력 수송방식 중 직류송전 방식의 장점을 3가지만 적으시오.

•
•
•

Answer

① 선로의 리액턴스가 없으므로 안정도가 높다.

② 교류방식에 비해 절연 레벨이 낮다.
③ 비동기 연계가 가능하다.

Explanation

직류송전 방식은 발전과 배전은 교류로 하며 송전만 직류 공급하는 방식으로 그림에서와 같이 발전기에서 발전한 교류전력을 송전단에서 순변환장치(Converter)를 이용하여 직류로 변환하여 송전하고 수전단에서 역변환장치(Inverter)를 이용하여 교류로 전송하는 방식이다.

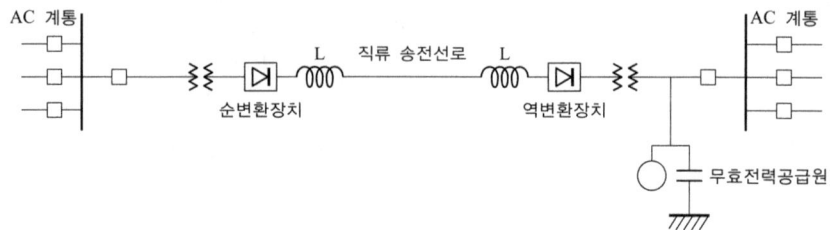

① 직류송전 방식의 장점은 다음과 같다.
- 선로의 리액턴스가 없으므로 안정도가 높다.
- 비동기연계가 가능하다(주파수가 다른 선로의 연계 가능).
- 무효 전력으로 인한 송전 손실이 없고, 또 역률이 항상 1이므로 송전 효율이 좋다.
- 도체의 표피효과가 없다(표피효과에 의한 손실이 없다).
- 충전전류와 유전체손을 고려하지 않아도 된다.
- 교류방식에 비해 절연 레벨이 낮다.

② 직류송전 방식 단점은 다음과 같다.
- 변압이 어렵다.
- 직류용 차단기가 개발되어 있지 않다.
- 고조파 억제 대책이 필요하다.
- 직류·교류 변환장치가 필요하다.

59 ★★★☆☆ 송전선로에 매설지선을 설치하는 주된 목적을 쓰시오.

•

Answer

매설지선은 철탑의 탑각 접지저항을 감소시켜 역섬락을 방지한다.

Explanation

매설지선은 철탑의 접지저항을 낮추기 위하여 아연도금 절연선을 지면 30[cm] 깊이에 30~50[m]의 길이로 방사상으로 매설하는 것으로 역섬락 방지용으로 사용된다.
역섬락은 철탑의 접지저항이 큰 경우 뇌격 시 철탑의 전위가 상승하여 철탑으로부터 송전선로 방향으로 섬락이 발생하는 것을 말한다.
이러한 역섬락을 방지하기 위하여
- 철탑의 접지저항을 작게 하고
- 매설지선 사용

60 ★★★☆☆ 다음의 중성점 접지방식에 대하여 어떻게 접지하는지 설명하시오.

(1) 직접접지 방식
(2) 저항접지 방식
(3) 비접지 방식

Answer

(1) 중성점을 금속선으로 직접접지하는 방식
(2) 중성점을 저항으로 접지하는 방식이며, 이때 저항값의 크기에 따라 저저항접지 방식과 고저항접지 방식으로 나누어진다.
(3) 중성점을 접지하지 않는 방식

Explanation

중성점 접지의 종류
① 비접지 방식($Z_n = \infty$) : 사용전압 : 20 ~ 30[kV]의 저전압 단거리
② 직접접지 방식($Z_n = 0$) : 직접접지 방식은 우리나라 송전선로의 대부분을 차지하며 154[kV], 345[kV], 765[kV] 등에 사용되며 또한, 지락 사고 시의 건전상의 전위 상승이 정상 시 상(Y)전압의 1.3배를 넘지 않도록 접지 임피던스를 조정하는 방식을 유효접지 방식이라 한다.
③ 저항접지 방식($Z_n = R$)
④ 소호 리액터 접지 방식($Z_n = jX_L$)

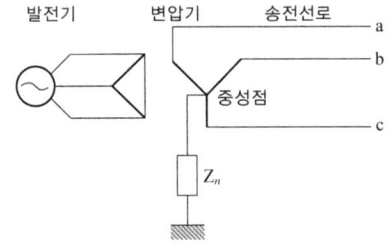

61 ★★★☆☆ 전등 및 소형 전기기계기구의 부하용량을 상정하여 분기회로 수를 결정하고자 한다. 주택은 240[m²], 상점은 50[m²], 창고는 10[m²]이고 룸 에어콘은 2[kW]일 때, 표준 부하를 이용하여 최대 부하용량을 상정하고 최소 분기회로 수를 결정하시오.

(1) 최대 부하용량
 • 계산 :   • 답 :
(2) 분기회로
 • 계산 :   • 답 :

[조건]
• 분기회로는 16[A] 분기회로이며 배전전압은 220[V]를 기준하고, 적용 가능한 부하는 최대값으로 상정할 것
• 룸 에어콘은 단독 분기회로로 할 것
• 설비 부하용량은 "①" 및 "②"에 표시하는 건물의 종류 및 그 부분에 해당하는 표준 부하에 바닥 면적을 곱한 값과 "③"에 표시하는 건물 등에 대응하는 표준 부하[VA]를 합한 값으로 할 것

① 건물의 종류에 대응한 표준 부하

건축물의 종류	표준 부하[VA/m²]
공장, 공회당, 사원, 교회, 극장, 영화관, 연회장 등	10
기숙사, 여관, 호텔, 병원, 학교, 음식점, 다방, 대중 목욕탕	20
사무실, 은행, 상점, 이발소, 미장원	30
주택, 아파트	40

[비고] 건물이 음식과 주택 부분의 2 종류로 될 때에는 각각 그에 따른 표준 부하를 사용할 것
[비고] 학교와 같이 건물의 일부분이 사용되는 경우에는 그 부분만을 적용한다.

② 건물(주택, 아파트를 제외) 중 별도 계산할 부분의 부분적인 표준 부하

건축물의 부분	표준 부하[VA/m²]
복도, 계단, 세면장, 창고, 다락	5
강당, 관람석	10

③ 표준 부하에 따라 산출한 수치에 가산하여야 할 [VA] 수
- 주택, 아파트(1세대마다)에 대하여는 1,000~500[VA]
- 상점의 진열장에 대하여는 진열장의 폭 1[m]에 대하여 300[VA]
- 옥외의 광고등, 전광사인, 네온사인 등의 [VA] 수
- 극장, 댄스홀 등의 무대조명, 영화관 등의 특수 전등부하의 [VA] 수

④ 예상이 곤란한 콘센트, 틀어 끼우는 접소기, 소켓 등이 있을 경우에라도 이를 상정하지 않는다.

Answer

(1) 최대 부하용량(P)
  계산 : $P =$ 바닥 면적 × 표준 부하 + 가산부하 + 룸에어컨
  $= (240 \times 40) + (50 \times 30) + (10 \times 5) + 1,000 + 2,000 = 14,150$[VA]
  답 : 14,150[VA]

(2) 분기회로 수
  계산 : ① 룸 에어컨을 제외한 분기회로 수 $N = \dfrac{14,150 - 2,000}{16 \times 220} = 3.45 \rightarrow 4$회로
  ② 룸 에어컨 전용 1회로
  답 : 16[A] 분기 4회로, 룸 에어컨 전용 16[A] 분기 1회로

Explanation

부하 상정 및 분기회로
1. 표준 부하
1) 건축물의 종류에 따른 표준 부하

건축물의 종류	표준 부하[VA/m²]
공장, 공회당, 사원, 교회, 극장, 영화관, 연회장 등	10
기숙사, 여관, 호텔, 병원, 학교, 음식점, 다방, 대중 목욕탕	20
사무실, 은행, 상점, 이발소, 미장원	30
주택, 아파트	40

2) 건축물 중 별도 계산할 부분의 표준 부하 (주택, 아파트는 제외)

건축물의 부분	표준 부하[VA/m²]
복도, 계단, 세면장, 창고, 나락	5
강당, 관람석	10

3) 표준 부하에 따라 산출한 수치에 가산하여야 할 [VA] 수
  ① 주택, 아파트(1세대마다)에 대하여는 500~1,000[VA]
  ② 상점의 진열장에 대하여는 진열장 폭 1[m]에 대하여 300[VA]
  ③ 옥외의 광고등, 전광사인, 네온사인 등의 [VA] 수
  ④ 극장, 댄스홀 등의 무대조명, 영화관 등의 특수전등부하의 [VA] 수
4) 예상이 곤란한 콘센트, 접속기, 소켓 등의 예상부하 값 계산

수구의 종류	예상 부하[VA/개]
소형 전등수구, 콘센트	150
대형 전등수구	300

【비고 1】 콘센트는 1구이든 2구이든 몇 개의 구로 되어 있더라도 1개로 본다.
【비고 2】 전등수구의 종류는 다음과 같다.
  소형 : 공칭지름이 26[mm] 베이스인 것
  대형 : 공칭지름이 39[mm] 베이스인 것

2. 부하의 상정
   부하 설비 용량 $= PA + QB + C$
   여기서, P : 건축물의 바닥 면적[m²] (Q 부분 면적 제외)
          Q : 별도 계산할 부분의 바닥 면적[m²]
          A : P 부분의 표준 부하[VA/m²]
          B : Q 부분의 표준 부하[VA/m²]
          C : 가산해야 할 부하[VA]

3. 분기회로 수
   분기회로 수 $= \dfrac{\text{표준 부하 밀도}[VA/m^2] \times \text{바닥 면적}[m^2]}{\text{전압}[V] \times \text{분기 회로의 전류}[A]}$

   [주1] 계산결과에 소수가 발생하면 절상한다.
   [주2] 220[V]에서 3[kW] (110[V] 때는 1.5[kW])를 초과하는 냉방기기, 취사용 기기 등 대형 전기 기계기구를 사용하는 경우에는 단독분기회로를 사용하여야 한다.
   ※ 분기회로 전류는 보통 문제에서 주어지지 않으면 16[A] 분기회로임

문제에서는 "룸에어콘은 단독 분기회로로 할 것"이라는 조항이 있으므로 에어콘은 별도 분기회로로 구성한다.

62 ★★★☆☆
부하 100[kVA]에서 역률 60[%]를 90[%]로 개선하는 데 필요한 콘덴서 용량[kVA]을 구하시오.

• 계산 :   • 답 :

Answer

계산 : $Q_c = 100 \times 0.6 \times \left(\dfrac{\sqrt{1-0.6^2}}{0.6} - \dfrac{\sqrt{1-0.9^2}}{0.9} \right) = 50.94 \text{[kVA]}$ 답 : 50.94[kVA]

Explanation

역률 개선용 콘덴서
$Q_c = P(\tan\theta_1 - \tan\theta_2) = P\left(\dfrac{\sin\theta_1}{\cos\theta_1} - \dfrac{\sin\theta_2}{\cos\theta_2}\right)$
$= P\left(\dfrac{\sqrt{1-\cos^2\theta_1}}{\cos\theta_1} - \dfrac{\sqrt{1-\cos^2\theta_2}}{\cos\theta_2}\right)$[kVA]

63 ★★★☆☆
건축물 전기설비에서 저압 간선 케이블의 굵기를 산정하는 데 고려해야 할 요소를 3가지만 적으시오.

Answer

① 허용전류   ② 전압강하   ③ 기계적 강도

Explanation

케이블의 굵기를 산정하는 데 고려사항
① 허용전류
② 전압강하
③ 기계적 강도
④ 수용률 및 향후 증설부하

64 ★★★☆☆ 그림과 같이 영상 변류기를 당해 케이블의 전원 측에 설치하는 경우, 케이블 차폐층의 접지도체는 어떻게 시설하는 것이 옳은지 접지도체를 그리시오. 단, 케이블의 거리는 100[m]이다.

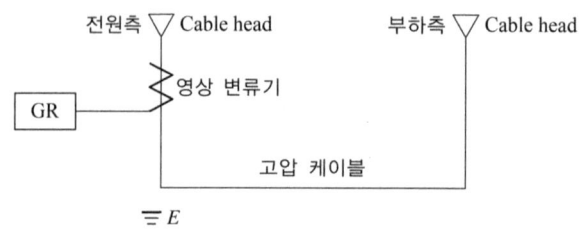

Answer

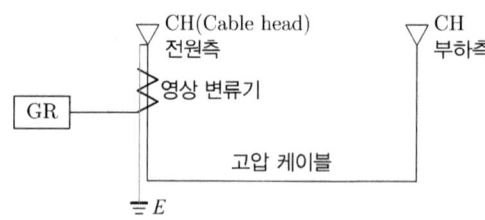

Explanation

케이블 차폐 접지
(1) ZCT를 전원측에 설치 시 전원측 케이블 차폐의 접지는 ZCT를 관통시켜 접지한다.

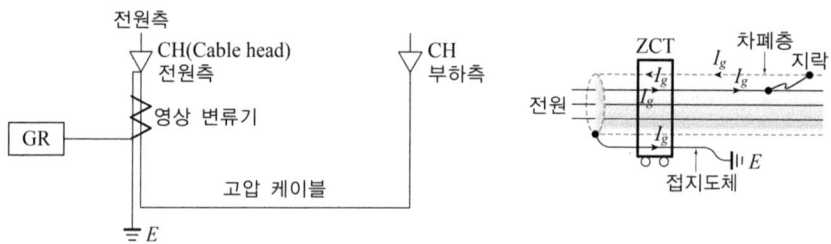

접지도체를 ZCT 내로 관통시켜야만 ZCT는 지락전류 I_g를 검출할 수 있다.
$I_g - I_g + I_g = I_g$

(2) ZCT를 부하측에 설치 시 케이블 차폐의 접지는 ZCT를 관통시키지 않고 접지한다.

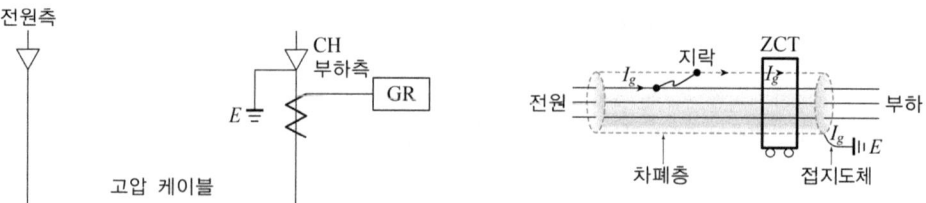

접지도체를 ZCT 내로 관통시키지 않아야 지락전류 I_g를 검출할 수 있다.

65 도면은 154[kV]를 수전하는 어느 공장의 수전설비에 대한 단선도이다. 이 단선도를 보고 다음 각 물음에 답하시오.

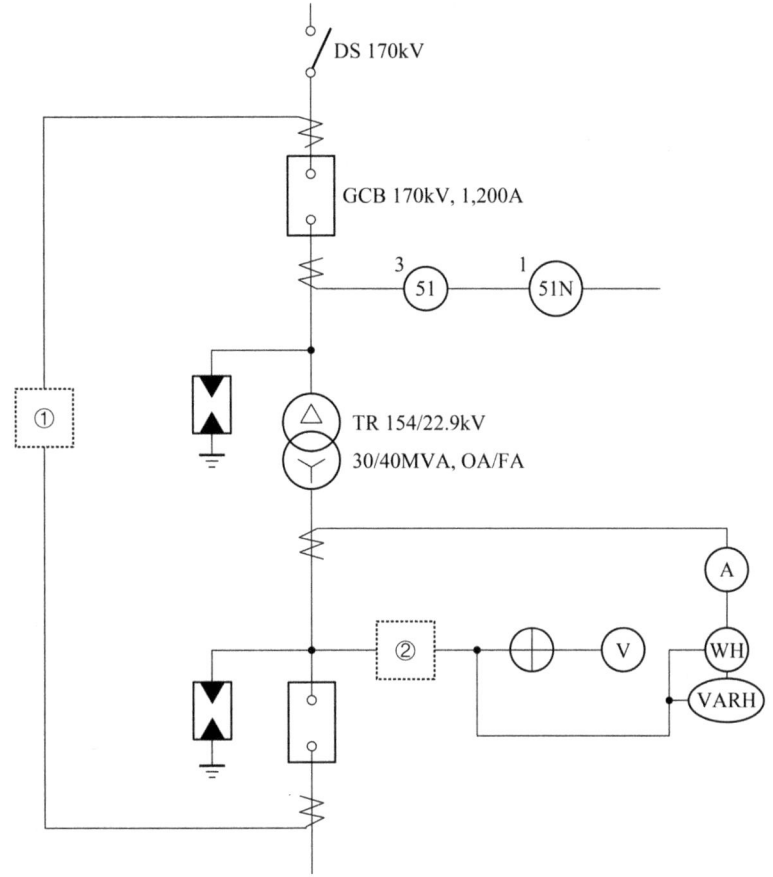

(1) ①에 설치되어야 할 기기의 심벌을 그리고, 그 명칭을 적으시오.
(2) ②에 설치되어야 할 기기의 심벌을 그리고, 그 명칭을 적으시오.
(3) 51, 51N의 기구 번호의 명칭은?
 • 51 :   • 51N :
(4) GCB, VARH의 용어는?
 • GCB :   • VARH :

Answer

(1) 심벌 : (87T)   (2) 심벌 : ⋛⋛
 명칭 : 주변압기 차동계전기   명칭 : 계기용 변압기
(3) 51 : 과전류 계전기, 51N : 중성점 과전류 계전기
(4) GCB : 가스차단기, VARH : 무효전력량계

Explanation

(1) 계전기 고유번호
 • 87 : 전류 차동계전기(비율 차동계전기)
 • 87B : 모선 보호 차동계전기
 • 87G : 발전기용 차동계전기

- 87T : 주변압기 차동계전기
(3) • 51 : 교류 과전류 계전기
- 51G : 지락 과전류 계전기
- 51H : 고정정 OCR
- 51L : 저정정 OCR
- 51N : 중성점 OCR
- 51P : MTr 1차 OCR
- 51S : MTr 2차 OCR
- 51V : 전압억제부 OCR

(4) 차단기 종류

명칭	약호	소호매질
유입 차단기	OCB	절연유
기중 차단기	ACB	대기(공기)
자기 차단기	MBB	자계의 전자력
공기 차단기	ABB	압축공기
진공 차단기	VCB	진공
가스 차단기	GCB	SF_6

66 합성수지몰드공사는 옥내의 건조한 2개의 장소에 한하여 시설할 수 있다. 어떤 장소인가?

① ②

Answer

① 전개된 장소 ② 점검할 수 있는 은폐 장소

Explanation

(KEC 232.21조) 합성수지몰드공사
① 전선은 절연전선 (옥외용 비닐절연전선을 제외한다) 또는 케이블을 사용하여야 한다. 다만, 절연전선은 합성수지몰드가 IP4X 또는 IPXXD급의 보호를 제공하고 도구를 사용하거나 의도적인 행동을 통하여 덮개를 제거할 수 있는 경우에만 사용할 수 있다.
② 전선의 단면적 10[㎟] (알루미늄은 16[㎟]) 를 초과하는 경우에는 연선을 사용해야 한다.
③ 합성수지몰드 안에서는 전선의 접속점이 없도록 할 것.
④ 합성수지몰드공사는 옥내의 건조한 장소로 전개된 장소 또는 점검할 수 있는 은폐된 장소에 사용할 수 있다.
⑤ 합성수지몰드공사를 적용하는 경우 사용전압은 400[V] 이하이어야 한다.

67 다음 조건을 만족하는 회로를 구성하여 미완성 도면을 완성하시오.

[조건]

① Button Switch B_1 또는 B_2를 누르면(눌렀다 놓으면) 해당 번호의 전등 L_1 또는 L_2가 점등되고 동시에 Buzzer BZ가 일정 시간 동작하고 Timer T의 설정시간 후 L_1 또는 L_2와 BZ는 동시에 정지한다. L_1이 점등되고 있을 때 B_2를 눌러도 L_2는 점등되지 않는다. L_2가 점등되고 있을 때에도 B_1을 눌러도 L_1은 점등되지 않는다.
② 정지한 후 다시 B_1 또는 B_2를 누르면(눌렀다 놓으면) 해당 번호의 전등 L_1 또는 L_2가 점등되고 동시에 Buzzer BZ가 일정 시간 동작하고 Timer T의 설정시간 후 L_1 또는 L_2와 BZ는 동시에 정지한다.
③ 다음 Time Chart를 참고하시오.

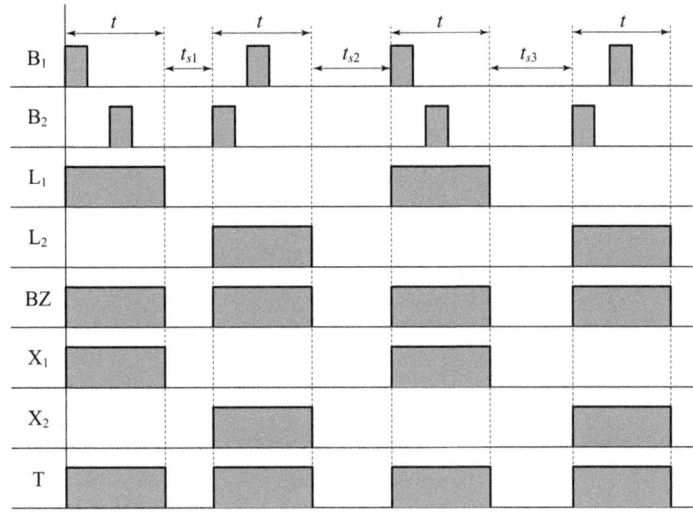

- t는 T의 설정시간
- t_{s1}, t_{s2}, t_{s3}는 L_1, L_2 및 Buzzer가 동작하지 않고 정지하고 있는 시간(문제와는 상관이 없으며 참고로 표시한 것임)

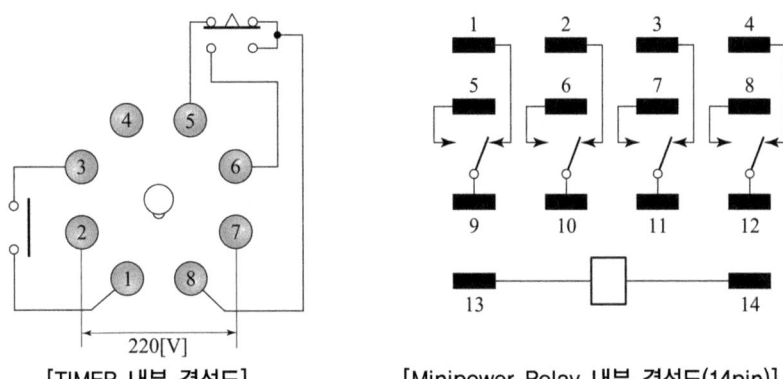

[TIMER 내부 결선도]   [Minipower Relay 내부 결선도(14pin)]

④ 미완성 도면

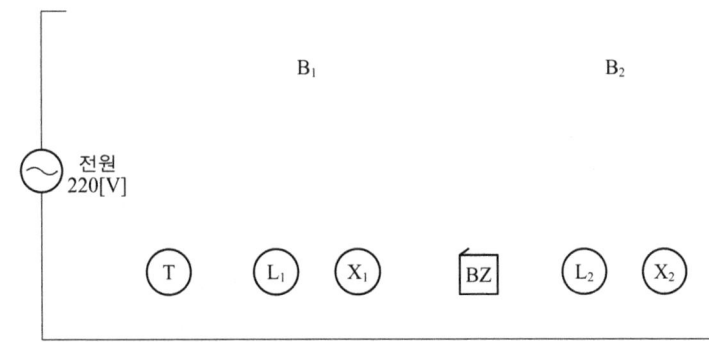

[범례]
- X_1, X_2 : Minipower Relay 내부 결선도(14pin)
- T : TIMER(8pin)

Answer

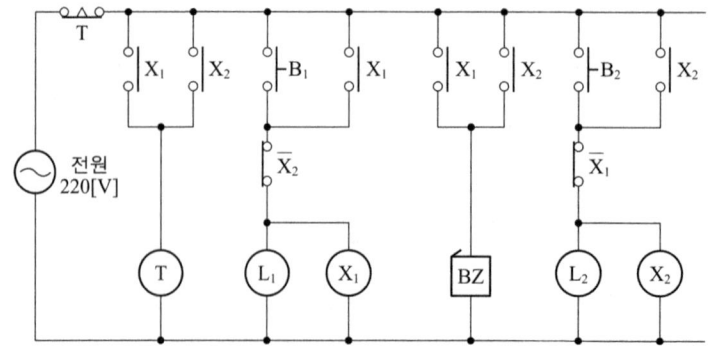

68 특고압 22.9[kV-y]로 수전하는 경우의 단선 결선도이다. 물음에 답하시오.

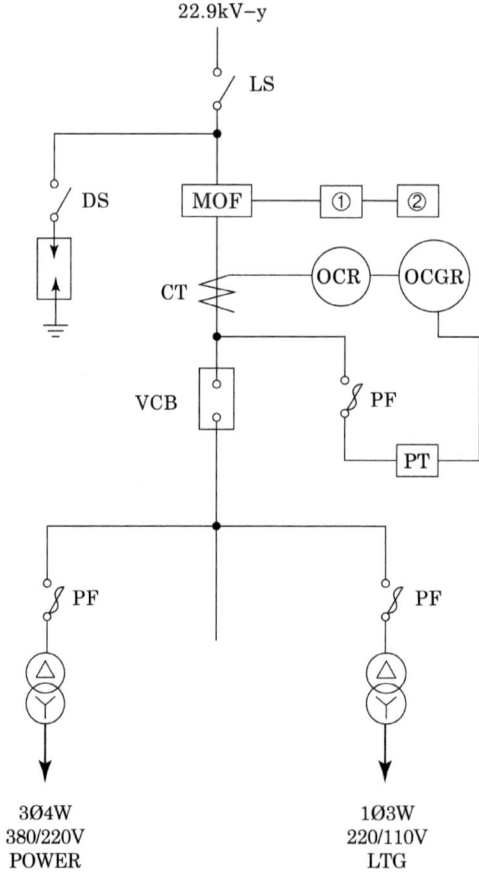

(1) 그림에 표시된 부분에는 어떤 기기가 필요한지 적으시오.
　①
　②

(2) 그림에서 △-Y 변압기의 단선도를 복선도로 그리시오.

(3) OCR의 명칭을 적으시오.

Answer

(1) ① 최대 수요 전력량계   ② 무효 전력량계

(2)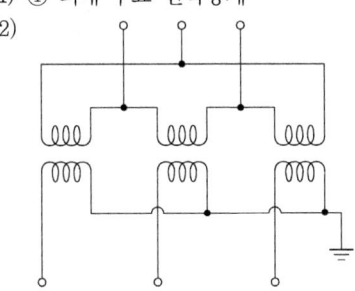

(3) 과전류 계전기

Explanation

- MOF 후단에 설치 계기
  - 전력량계
  - 최대수요전력량계(DM), 무효전력량계(VARH)
- 3상 변압기의 2차측 접지 : 2차 측이 Y결선인 경우는 반드시 접지한다.

69 ★★★☆☆ 장선기(시메라)는 어떤 용도로 쓰이는 공구인가?

- 답 :

Answer

이도 조정 및 지선의 장력 조정

Explanation

장선기(시메라)
전선 가선 시 적정 이도까지 전선을 당겨주는 공구

70 ★★★☆☆

그림의 로직 회로는 지하철역의 무인 개찰 회로의 일부이다.

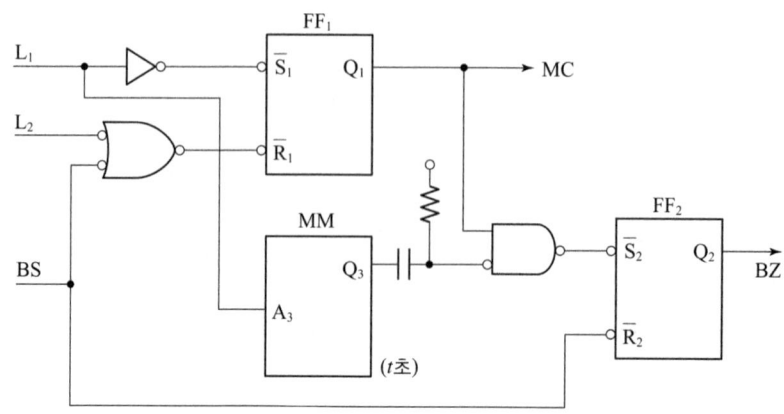

[보기] OR, AND, FF₁, FF₂, MM, MC, NOT(중복도 가함)

다음 동작 개요의 ( )에 보기 중에서 골라 넣으시오.

(1) 차표를 넣으면 L_1이 검출하여 (①)가 세트되고 (②)가 동작하여 차표 투입구를 닫는다. t초 후 차표가 배출구로 나오면 L_2가 검출하여 (③)가 리셋되고 (④)가 복귀하여 투입구를 연다.

(2) 차표를 넣은 후 T초가 되어도 ($T > t$) 차표가 나오지 않으면 (⑤)의 출력과 (⑥)의 출력의 (⑦) 회로에 의하여 (⑧)가 동작하고 부저가 울린다. 이때 BS를 누르면 모두 복귀한다. 여기서 FF는 $\overline{RS}$-latch이고 MM은 단안정 IC소자이며 L_1은 H레벨 입력이다.

①   ②   ③   ④
⑤   ⑥   ⑦   ⑧

Answer

① FF₁   ② MC   ③ FF₁   ④ MC   ⑤ FF₁   ⑥ MM   ⑦ AND   ⑧ FF₂

Explanation

NAND 게이트로 된 R-S 래치
- NAND 게이트로 된 기본 플립플롭 회로에서, 두 입력이 모두 1이면 플립플롭의 상태는 전 상태를 그대로 유지하게 된다.
- 순간적으로 S 입력에 0을 가하면 Q는 1로, Q'는 0으로 바뀐다.
- S를 1로 바꾼 뒤에 R 입력을 0을 가하면 플립플롭은 클리어 상태가 된다.
- 두 입력이 동시에 0으로 될 때는 두 출력이 모두 1이 되기 때문에 성상적인 플립플롭 작동에서는 피해야 한다.

IC 타이머 SMV
- 단안정 멀티 바이브레이터(one shot)의 원리를 이용한 IC 타이머 소자인데 A, B 입력 중 입력은 고정하고 한 입력으로 트리거(trigger)하면 단안정 특성이 얻어진다(SMV, MM, MMV).

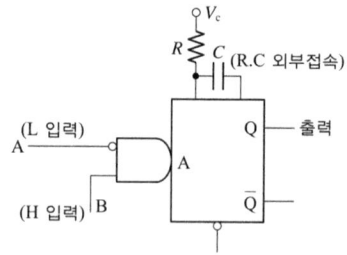

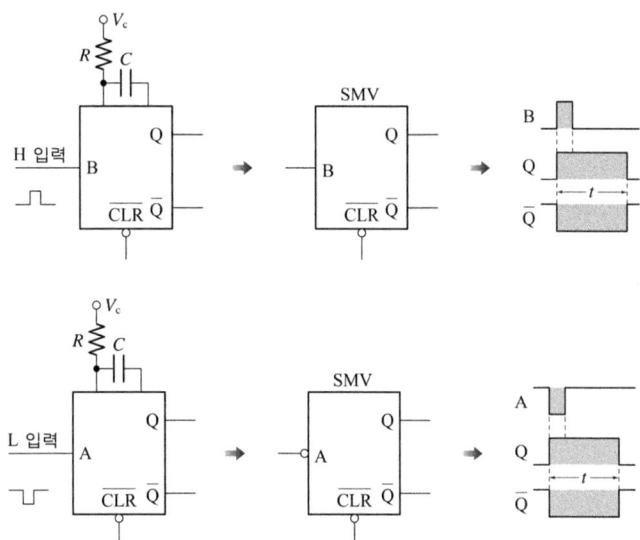

71 ★★★☆☆
지중 케이블의 고장 개소를 찾는 방법 5가지를 쓰시오.

①   ②   ③
④   ⑤

Answer

① 머레이 루프법   ② 펄스 레이더법   ③ 정전용량법
④ 수색코일법   ⑤ 음향에 의한 방법

Explanation

지중전선로 고장점 탐색법
① 머레이 루프법
   휘스톤 브리지의 원리를 이용하는 방식

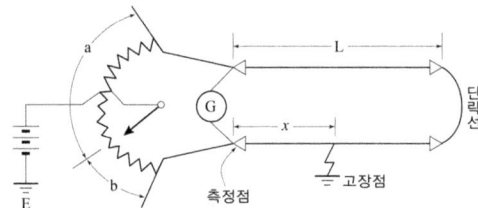

검류계에 전류가 흐르지 않으면 평형 상태이므로
$a \cdot x = b \cdot (2L-x)$
∴ $x = \dfrac{b}{a+b} \times 2L\,[m]$

여기서, L : 선로의 전체 길이[m]
        x : 측정점에서 고장점까지의 거리[m]

② 수색코일법
   케이블의 한쪽에서 600[Hz] 정도의 단속전류를 흘리고 지상에서는 수색코일에 증폭기와 수화기를 연결하여 케이블을 따라 고장점 탐색하는 방법

③ 정전용량법
   구조가 같은 케이블은 정전용량이 길이에 비례하는 것을 이용하여 고장점을 탐색하는 방법
   $L = 선로\,긍장 \times \dfrac{C_x}{C_o}$

여기서, C_x : 사고 상의 사고점까지의 정전용량 측정치
C_o : 건전상의 정전용량 측정치

④ 펄스 레이더법
케이블의 한쪽에서 펄스를 입사하면 케이블의 서지 임피던스가 급변하므로 입사파 일부는 고장점에서 되돌아오는 시간을 측정하여 고장점 탐색하는 방법
⑤ 음향법
고장케이블에 고전압의 펄스를 보내어 고장점에서 발생하는 방전음을 이용하여 고장점을 탐색하는 방법

72. 전선을 접속할 때의 주의사항을 3가지만 쓰시오.

①
②
③

Answer

① 전선의 세기를 20[%] 이상 감소시키지 아니할 것
② 전선의 접속 부분은 접속관 기타의 기구를 사용할 것
③ 접속 부분의 절연전선에 절연물과 동등 이상의 절연효력이 있는 접속기를 사용할 것

Explanation

(KEC 123조) 전선의 접속
① 전선의 세기를 20[%] 이상 감소시키지 아니할 것
② 접속 부분은 접속관 기타의 기구를 사용할 것
③ 절연전선 상호·절연전선과 코드, 캡타이어 케이블 또는 케이블과를 접속하는 경우에는 접속 부분의 절연전선에 절연물과 동등 이상의 절연효력이 있는 접속기를 사용할 것
④ 코드 상호, 캡타이어 케이블 상호, 케이블 상호 또는 이들 상호를 접속하는 경우에는 코드 접속기, 접속함 기타의 기구를 사용할 것
⑤ 전기 화학적 성질이 다른 도체를 접속하는 경우에는 접속 부분에 전기적 부식(電氣的腐蝕)이 생기지 아니하도록 할 것

73. 저압 옥내 간선에서 분기하여 각 부하에 전력을 공급하는 분기회로에서 다음 조건을 보고 사용전압 220[V], 20[A]인 경우의 부하설비용량과 분기회로의 최소 회로수를 구하시오. 단, 룸 에어컨은 별도 회로로 구성한다.

[조건]
○ 주택부분의 바닥면적 : 240[m²]
○ 점포부분의 바닥면적 : 50[m²]
○ 창고의 바닥면적 : 10[m²]
○ 주택에 대한 가산 VA : 1,000[VA]
○ 룸 에어컨 2[kW]

(1) 부하설비용량
   • 계산 :   • 답 :
(2) 분기회로수
   • 계산 :   • 답 :

Answer

(1) 계산 : P = 바닥면적 × 표준부하 + 가산부하

$$=(240\times40)+(50\times30)+(10\times5)+1,000=12,150[VA] \qquad 답 : 12,150[VA]$$

(2) 계산 : ① 룸 에어컨을 제외한 분기 회로수 : $N=\dfrac{12,150}{20\times220}=2.76 \to 3$ 회로

② 룸 에어컨 전용 1회로

답 : 20[A] 분기 4회로(룸 에어컨 전용 20[A] 분기 1회로 포함)

Explanation

부하상정 및 분기회로
1. 표준 부하
 1) 건축물의 종류에 따른 표준 부하

건축물의 종류	표준 부하[VA/m²]
공장, 공회당, 사원, 교회, 극장, 영화관, 연회장 등	10
기숙사, 여관, 호텔, 병원, 학교, 음식점, 다방, 대중 목욕탕	20
사무실, 은행, 상점, 이발소, 미장원	30
주택, 아파트	40

 2) 건축물 중 별도 계산할 부분의 표준 부하(주택, 아파트는 제외)

건축물의 부분	표준 부하[VA/m²]
복도, 계단, 세면장, 창고, 다락	5
강당, 관람석	10

 3) 표준 부하에 따라 산출한 수치에 가산하여야 할 [VA]수
  ① 주택, 아파트(1세대마다)에 대하여는 500~1,000 [VA]
  ② 상점의 진열창에 대하여는 진열창 폭 1[m]에 대하여 300 [VA]
  ③ 옥외의 광고등, 전광사인, 네온 사인등의 [VA] 수
  ④ 극장, 댄스홀 등의 무대조명, 영화관 등의 특수전등부하의 [VA] 수
 4) 예상이 곤란한 콘센트, 접속기, 소켓 등의 예상부하 값 계산

수구의 종류	예상 부하[VA/개]
소형 전등수구, 콘센트	150
대형 전등수구	300

[비고 1] 콘센트는 1구이든 2구이든 몇 개의 구로 되어 있더라도 1개로 본다.
[비고 2] 전등수구의 종류는 다음과 같다.
 소형 : 공칭지름이 26[mm] 베이스인 것
 대형 : 공칭지름이 39[mm] 베이스인 것

2. 부하의 상정
부하 설비 용량$=PA+QB+C$
여기서, P : 건축물의 바닥 면적 [m²] (Q 부분 면적 제외)
 Q : 별도 계산할 부분의 바닥면적 [m²]
 A : P 부분의 표준 부하 [VA/m²]
 B : Q 부분의 표준 부하 [VA/m²]
 C : 가산해야 할 부하 [VA]

3. 분기 회로수

분기 회로수 $=\dfrac{\text{표준 부하 밀도}[VA/m^2]\times \text{바닥 면적}[m^2]}{\text{전압}[V]\times \text{분기 회로의 전류}[A]}$

【주1】 계산결과에 소수가 발생하면 절상한다.
【주2】 220 [V]에서 3[kW] (110 [V] 때는 1.5 [kW])를 초과하는 냉방기기, 취사용기기 등 대형 전기 기계 기구를 사용하는 경우에는 단독분기회로를 사용하여야 한다.
※ 분기회로 전류는 보통 문제에서 주어지지 않으면 16[A] 분기회로임

74 ★★★☆☆

단상 2선식 110[V]의 옥내 배선에서 소비전력 40[W], 역률 75[%]의 형광등 100등을 설치하고자 한다. 분기회로를 16[A]로 할 때 분기회로의 최소수를 구하시오(단, 한 회선의 부하전류는 분기회로 용량의 90[%]로 하고 수용률은 100[%]로 한다).

• 계산 :   • 답 :

Answer

계산 : 분기회로 수 $= \dfrac{\dfrac{40 \times 100}{0.75}}{110 \times 16 \times 0.9} = 3.37$ 답 : 16[A]분기 4회로 선정

Explanation

부하 상정 및 분기회로

1. 부하의 상정
   부하 설비 용량 $= PA + QB + C$
   여기서, P : 건축물의 바닥 면적[m²] (Q 부분 면적 제외)
   Q : 별도 계산할 부분의 바닥면적[m²], A : P 부분의 표준 부하[VA/m²]
   B : Q 부분의 표준 부하[VA/m²], C : 가산해야 할 부하[VA]

2. 분기회로 수
   분기회로 수 $= \dfrac{\text{표준 부하 밀도[VA/m²]} \times \text{바닥 면적[m²]}}{\text{전압[V]} \times \text{분기회로의 전류[A]}}$

   【주1】 계산결과에 소수가 발생하면 절상한다.
   【주2】 220[V]에서 3[kW] (110[V]때는 1.5[kW])를 초과하는 냉방기기, 취사용 기기 등 대형 전기 기계기구를 사용하는 경우에는 단독분기회로를 사용하여야 한다.

※ 분기회로 전류는 보통 문제에서 주어지지 않으면 16[A] 분기회로임

75 ★★★☆☆

극판형식에 의한 축전지의 분류표이다. 빈칸에 알맞은 내용을 쓰시오.

종별	연축전지	알칼리축전지	니켈수소전지
형식명	클래드식(CS) 페이스트식(HS)	포켓식 소결식	GMH형
기전력[V]	2.05 ~ 2.08	( )	1.34
공칭전압[V]	( )	( )	1.2
공칭용량[Ah]	( )	5시간율	( )

Answer

종별	연축전지	알칼리축전지	니켈수소전지
형식명	클래드식(CS) 페이스트식(HS)	포켓식 소결식	GMH형
기전력[V]	2.05 ~ 2.08	(1.32)	1.34
공칭전압[V]	(2.0)	(1.2)	1.2
공칭용량[Ah]	(10시간율)	5시간율	(5시간율)

Explanation

	납축전지	알칼리축전지	니켈수소전지
충전용량	10[Ah]	5[Ah]	
공칭전압	2.0[V/cell]	1.2[V/cell]	1.2[V/cell]

76 ★★★☆☆
가로등용 기초를 설치하기 위하여 아래 그림과 같이 굴착을 해야 한다. 이때의 터파기량은 몇 [m³]인지 계산하여 구하여라.

- 계산 :
- 답 :

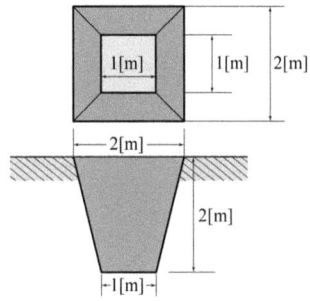

Answer

계산 : 터파기량 $= \dfrac{2}{3}(1 + \sqrt{1 \times 4} + 4) = 4.67 [m^3]$ 답 : $4.67 [m^3]$

Explanation

가로등용 터파기량

$V_0 = \dfrac{H}{3}(A_1 + \sqrt{A_1 A_2} + A_2)$ 여기서, $A_1 = 1 \times 1 = 1 [m^2]$, $A_2 = 2 \times 2 = 4 [m^2]$

77 ★★★☆☆
과전류에 대한 보호 장치로써 주상변압기의 1차 측과 2차 측에 설치하는 것은?

(1) 1차 측(고압 측)
(2) 2차 측(저압 측)

Answer

(1) 1차 측(고압 측) : COS(컷 아웃 스위치)
(2) 2차 측(저압 측) : 캐치 홀더

Explanation

주상변압기의 과전류에 대한 보호 장치
- 1차 측 보호설비 : 컷 아웃 스위치(Cut Out Switch)
  프라이머리 컷 아웃 스위치(Primary Cut Out Switch)
- 2차 측 보호설비 : 캐치 홀더(Catch Holder)

78 ★★★☆☆
22.9[kV] 배전선로이다. 그림과 참고표를 이용하여 물음에 답하시오.

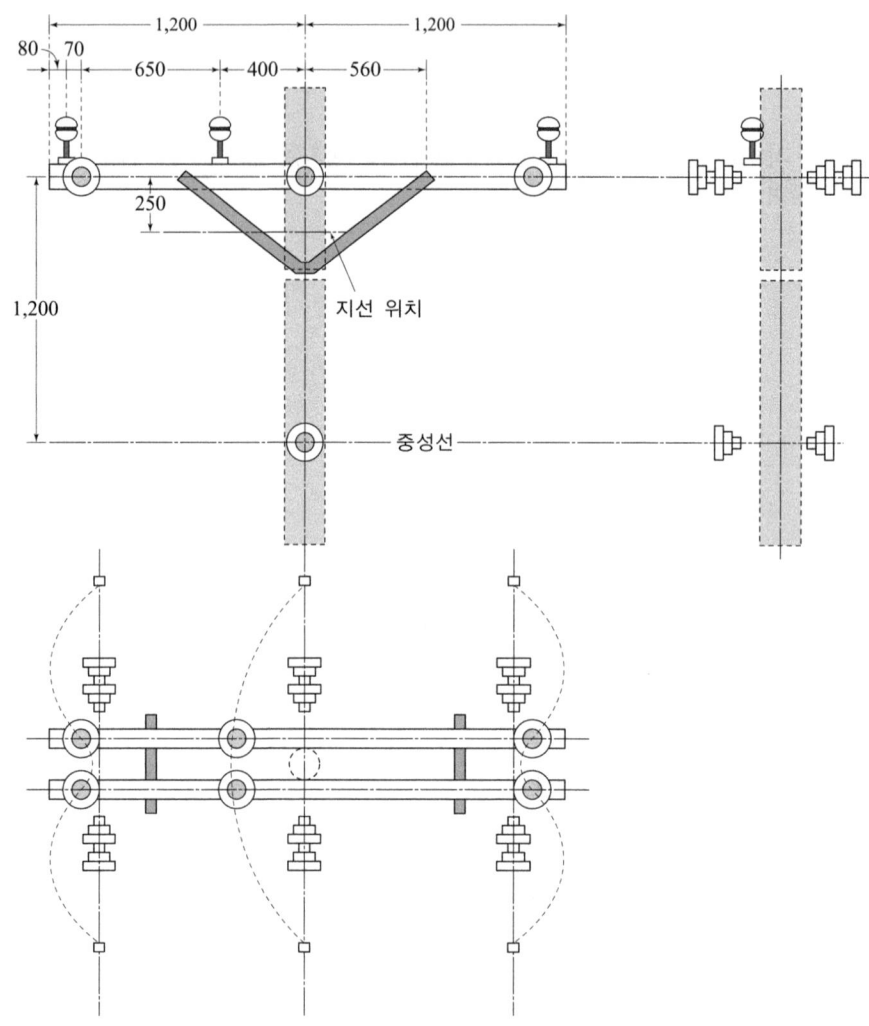

[물음]
그림의 애자를 노후로 인하여 교체하는 경우 총 인건비(직접 노무비 포함)는 얼마인가?
단, • 간접 노무비를 15[%](가정)로 계산한다.
  • 노임 단가는 배전전공 15,860원, 보통 인부 6,520원이다. (가정)
  • 인공을 산출한 후 이를 합계하여 노임단가를 적용하여 원까지만 구하고 소수점 이하는 버린다.
  • 애자 노후로 인하여 교체되어야 할 애자 종류 및 수량은 다음과 같다.
    ① 특고압용 현수 애자 : 14개
    ② 특고압용 핀 애자 : 6개

배전용 애자 설치 (개당)

종별	배전 전공	보통 인부
라인 포스트 애자	0.046	0.046
현수 애자	0.032	0.032
내오손 결합 애자	0.025	0.025
저압용 인류 애자	0.020	-

[해설]
① 애자 교체 150[%]
② 애자 닦기
   (가) 주상(탑상) 손 닦기 : 애자품의 50[%]
   (나) 주상(탑상) 기계 닦기 : 기계손료만 계산(인건비 포함)
   (다) 발췌 손 닦기는 애자품의 170[%]
③ 특고압 핀 애자는 라인 포스트 애자에 준함
④ 철거 50[%], 재사용 철거 80[%]
⑤ 동일 장소에 추가 1개마다 기본품의 45[%] 적용

Answer

배전전공 : $0.032 \times (1+13 \times 0.45) \times 1.5 + 0.046 \times (1+5 \times 0.45) \times 1.5 = 0.55305$[인]
보통 인부 : $0.032 \times (1+13 \times 0.45) \times 1.5 + 0.046 \times (1+5 \times 0.45) \times 1.5 = 0.55305$[인]
배전전공 노임 : $0.55305 \times 15,860 = 8,771$[원]
보통 인부 노임 : $0.55305 \times 6,520 = 3,605$[원]
직접 노무비 = $8,771 + 3,605 = 12,376$[원]
간접 노무비 = $12,376 \times 0.15 = 1,856$[원]
노무비계 = $12,376 + 1,856 = 14,232$[원]

답 : 14,232[원]

Explanation

• 교체 : 철거+신설   애자 철거 50[%]+신설 100[%]=150[%]

• 동일 장소에 추가 1개마다 기본품의 45[%] 적용
                                          - 특고압용 현수 애자 : 14개
계산 방법 : $1+13 \times 0.45$
                                          - 특고압용 핀 애자 : 6개
계산 방법 : $1+5 \times 0.45$

• 특고압 핀 애자는 라인 포스트 애자로 대체하여도 가능

종별	배전 전공	보통 인부
라인 포스트 애자	0.046	0.046
현수 애자	0.032	0.032
내오손 결합 애자	0.025	0.025
저압용 인류 애자	0.020	-

79 경간 200[m]인 가공 전선로가 있다. 사용 전선의 길이는 경간보다 몇 [m] 더 길게 하면 되는가? 단, 사용전선의 1[m]당 무게는 2.0[kg], 인장하중은 4,000[kg]이고 전선의 안전율을 2로 하고 풍압하중은 무시한다.

• 계산 :   • 답 :

Answer

계산 : 이도 $D = \dfrac{WS^2}{8T} = \dfrac{2 \times 200^2}{8 \times \dfrac{4,000}{2}} = 5$

실제길이 $L = s + \dfrac{8D^2}{3S} = 200 + \dfrac{8 \times 5^2}{3 \times 200} = 200.33$[m]

실제 더 필요한 길이 : 200.33−200=0.33[m]

답 : 0.33[m]

Explanation

• 이도 : $D = \dfrac{WS^2}{8T} = \dfrac{WS^2}{8 \times \dfrac{\text{인장하중}}{\text{안전율}}}$

• 실제길이 : $L = S + \dfrac{8D^2}{3S}$

여기서, L : 전선의 실제 길이[m]
D : 이도[m]
S : 경간[m]

80 수전단에 부하가 요구하는 무효전력과 원선도상에서 정해지는 무효전력과의 차에 해당하는 무효전력을 별도로 공급해 주기 위하여 사용하는 조상설비의 종류를 3가지만 쓰시오.

Answer

동기조상기, 분로리액터, 전력용콘덴서

Explanation

조상설비
송전전력을 일정한 전압으로 보내기 위하여 무효전력 공급 및 흡수설비가 필요하며 이를 조상설비라 한다. 동기조상기를 비롯하여 분로리액터, 전력용 콘덴서, SVC 등이 있다.

	진 상	지 상	시충전(시송전)	조 정	전력손실	증설
동기 조상기	○	○	○	연속적	크다	불가능
분로 리액터	×	○	×	단계적	작다	가능
전력용 콘덴서	○	×	○	단계적	작다	가능

81 한류저항기(CLR)의 설치목적 3가지를 적으시오.

Answer

① 비접지 방식에서 GPT를 사용하고 SGR을 동작시키는 데 필요한 유효전류를 발생
② open delta 결선의 각 상의 제3고조파 전압 발생을 방지
③ 중성점 이상 전위 진동 및 중성점 불안정 현상 등의 이상현상을 제거

82 아래에 주어진 물가 자료를 참고하여 다음 물음에 답하시오.

[물가자료]
[참고 1] 전기용 나동선

전기용 연동선				전기용 경동선			
지름 [mm]	무게 [kg/km]	전기저항 20℃[Ω/km]	가격 [원/m]	지름 [mm]	무게 [kg/km]	전기저항 20℃[Ω/km]	가격 [원/m]
2.0	27.93	5.487	195	2.0	27.93	5.657	195
4.0	111.7	1.372	226	4.0	111.7	1.414	226
6.0	251.3	0.609	308	6.0	251.3	0.628	308
8.0	246.9	0.343	415	8.0	246.9	0.353	415
10.0	698.2	0.219	505	10.0	698.2	0.226	505

[참고 2] 케이블

가교 폴리에틸렌 절연 비닐시스케이블(단심)				가교 폴리에틸렌 트리플렉스형 케이블(단심)			
공칭단면적 [mm^2]	완성품 바깥지름 [mm]	전기저항 20℃[Ω/km]	가격 [원/m]	공칭단면적 [mm^2]	완성품 바깥지름 [mm]	전기저항 20℃[Ω/km]	가격 [원/m]
16	20	1.15	985	16	44	1.15	1,005
25	21	0.727	1,012	25	46	0.727	1,112
35	22	0.524	1,222	35	48	0.524	1,758
50	23	0.387	1,980	50	50	0.387	2,005
70	25	0.268	2,054	70	54	0.268	2,405

(1) 전기용 경동선 4.0[mm], 2[km]와 연동선 4.0[mm], 3[km]의 구입비 합계[원]를 구하시오.
  • 계산 :   • 답 :

(2) AC 440[V] 3상 3선식 동력 배선에 25[mm^2] 케이블 150[m]를 구입하려고 한다. 가교폴리에틸렌 절연 비닐시스 케이블과 가교 폴리에틸렌 트리플렉스형 케이블의 구입비[원]을 구하시오(단, 두 종류의 케이블 계산 과정과 구입비가 모두 맞아야 정답으로 인정한다).
  ① 가교 폴리에틸렌 절연 비닐시스 케이블
    • 계산 :   • 구입비[원] :
  ② 가교 폴리에틸렌 트리플렉스형 케이블
    • 계산 :   • 구입비[원] :

(3) (2)항에서 구한 각 케이블의 구입비를 이용하여 경감액을 구하고 그 결과로 둘 중 더 저렴한 케이블을 선정하시오.
  • 계산 :   • 경감액[원] :
  • 선정결과 :

Answer

(1) 계산 : 226×2,000+226×3,000=1,130,000[원]   답 : 1,130,000[원]
(2) ① 계산 : 1,012×150=151,800[원]   구입비 : 151,800[원]
    ② 계산 : 1,112×150=166,800[원]   구입비 : 166,800[원]
(3) 계산 : 166,800−151,800=15,000[원]   경감액 : 15,000[원]
                                                선정결과 : 가교 폴리에틸렌 절연 비닐시스 케이블

Explanation

(1) 경동선 4.0[mm], 2[km]와 연동선 4.0[mm], 3[km]의 구입비

[참고 1] 전기용 나동선

전기용 연동선				전기용 경동선			
지름 [mm]	무게 [kg/km]	전기저항 20℃[Ω/km]	가격 [원/m]	지름 [mm]	무게 [kg/km]	전기저항 20℃[Ω/km]	가격 [원/m]
2.0	27.93	5.487	195	2.0	27.93	5.657	195
4.0	111.7	1.372	226	4.0	111.7	1.414	226
6.0	251.3	0.609	308	6.0	251.3	0.628	308
8.0	246.9	0.343	415	8.0	246.9	0.353	415
10.0	698.2	0.219	505	10.0	698.2	0.226	505

[참고 2] 케이블

가교 폴리에틸렌 절연 비닐시스케이블(단심)				가교 폴리에틸렌 트리플렉스형 케이블(단심)			
공칭단면적 [mm²]	완성품 바깥지름 [mm]	전기저항 20℃[Ω/km]	가격 [원/m]	공칭단면적 [mm²]	완성품 바깥지름 [mm]	전기저항 20℃[Ω/km]	가격 [원/m]
16	20	1.15	985	16	44	1.15	1,005
25	21	0.727	1,012	25	46	0.727	1,112
35	22	0.524	1,222	35	48	0.524	1,758
50	23	0.387	1,980	50	50	0.387	2,005
70	25	0.268	2,054	70	54	0.268	2,405

83 ★★★☆☆ 다음은 전기설비의 방폭구조에 대한 기호이다. 기호에 맞는 방폭구조의 명칭을 적으시오.

기호	방폭구조의 명칭
d	
o	
p	
e	
i	
s	

Answer

기호	방폭구조의 명칭
d	내압 방폭구조
o	유입 방폭구조
p	압력 방폭구조
e	안전증 방폭구조
i	본질안전 방폭구조
s	특수 방폭구조

> Explanation

방폭구조 종류와 정의

방폭구조	정의	기호
내압 방폭구조	용기 내 폭발 시 용기가 폭발압력을 견디며, 접합면, 개구부를 통해 외부에 인화될 우려가 없는 구조	Ex d
압력 방폭구조	용기 내에 보호가스를 압입시켜 폭발성 가스나 증기가 용기 내부에 유입되지 않도록 된 구조	Ex p
안전증 방폭구조	정상 운전 중에 점화원 발생 방지를 위해 기계적, 전기적 구조상 혹은 온도 상승에 대해 안전도를 증가한 구조	Ex e
유입 방폭구조	전기 불꽃, 아크, 고온 발생 부분을 기름으로 채워 폭발성 가스 또는 증기에 인화되지 않도록 한 구조	Ex o
본질안전 방폭구조	정상 시 및 사고 시(단선, 단락, 지락)에 폭발 점화원 (전기 불꽃, 아크, 고온)의 발생이 방지된 구조	Ex ia Ex ib

84 ★★★☆☆

다음은 네온방전등을 옥내에 시설하는 경우이다. 다음 각 물음에 답하시오.

(1) 관등회로의 배선은 어떤 공사로 하는지 적으시오.
(2) 관등회로의 배선에서 전선지지점간 최대거리[m]를 적으시오.
(3) 네온방전등에 공급하는 전로의 대지전압은 몇 [V] 이하인가?
(4) 네온변압기는 어떤 관리법의 적용을 받는 것이어야 하는가?
(5) 관등회로의 배선에서 전선상호간의 이격거리[mm]는 얼마인가?

> Answer

(1) 애자공사   (2) 1[m]   (3) 300[V]
(4) 전기용품 및 생활용품 안전관리법   (5) 60[mm]

> Explanation

(KEC 234.12조) 네온방전등

234.12.1 적용범위
1. 이 규정은 네온방전등을 옥내, 옥측 또는 옥외에 시설할 경우에 적용한다.
2. 네온방전등에 공급하는 전로의 대지전압은 300[V] 이하로 하여야 하며, 다음에 의하여 시설하여야 한다. 다만, 네온방전등에 공급하는 전로의 대지전압이 150[V] 이하인 경우는 적용하지 않는다.
  가. 네온관은 사람이 접촉될 우려가 없도록 시설할 것.
  나. 네온변압기는 옥내배선과 직접 접촉하여 시설할 것.

234.12.2 네온변압기
네온변압기는 다음에 의하는 외에 사람이 쉽게 접촉될 우려가 없는 장소에 위험하지 않도록 시설하여야 한다.
1. 네온변압기는 「전기용품 및 생활용품 안전관리법」의 적용을 받은 것.
2. 네온변압기는 2차측을 직렬 또는 병렬로 접속하여 사용하지 말 것. 다만, 조광장치 부착과 같이 특수한 용도에 사용되는 것은 적용하지 않는다.
3. 네온변압기를 우선 외에 시설할 경우는 옥외형의 것을 사용할 것.

234.12.3 관등회로의 배선
1. 관등회로의 배선은 애자공사로 다음에 따라서 시설하여야 한다.
가. 전선은 네온관용 전선을 사용할 것.
나. 배선은 외상을 받을 우려가 없고 사람이 접촉될 우려가 없는 노출장소에 시설할 것.
다. 전선은 자기 또는 유리제 등의 애자로 견고하게 지지하여 조영재의 아랫면 또는 옆면에 부착하고 또한 다음과 같이 시설할 것. 다만, 전선을 노출장소에 시설할 경우로 공사 여건상 부득이한 경우는 조영재의 윗면에 부착할 수 있다.
  (1) 전선 상호간의 이격거리는 60[mm] 이상일 것.

(2) 전선과 조영재 이격거리는 노출장소에서 표에 따를 것.

전압 구분	이격거리
6[kV] 이하	20[mm] 이상
6[kV] 초과 9[kV] 이하	30[mm] 이상
9[kV] 초과	40[mm] 이상

(3) 전선지지점간의 거리는 1[m] 이하로 할 것.
(4) 애자는 절연성·난연성 및 내수성이 있는 것일 것.

PART 02

전기공사산업기사 실기 단답형 문제

답안에서 굵은 글씨로 처리된 부분이
핵심 암기 키워드입니다.

02 단답형 기출문제 421선

01 ★☆☆☆☆
지진 감지기 그림 기호를 그리시오.

Answer

ⒺQ

02 ★☆☆☆☆
폭연성 분진이 있는 위험 장소에 개폐기, 과전류 차단기, 제어기, 계전기, 배전반, 분전반 등을 시설하여 사용하는 경우, 어떤 구조의 것을 시설하여야 하는지 명칭을 적어라.

Answer

분진 방폭 특수 방진 구조

03 ★★☆☆☆
납(연)축전지의 전해액이 변색되며, 충전하지 않고 정치(靜置) 중에도 다량으로 가스가 발생되고 있다. 어떤 원인의 고장으로 예측되는지 쓰시오.

Answer

전해액 불순물의 혼입

04 ★☆☆☆☆
알칼리 축전지 종류에 대한 각각의 형식명을 쓰시오.

(1) 포켓식 :
(2) 소결식 :

Answer

(1) AL형, AM형, AMH형, AH-P형
(2) AH-S형, AHH형

05 ★★☆☆☆
변압기 냉각방식의 종류를 5가지만 쓰시오.

① ② ③
④ ⑤

Answer

① OA(ONAN) : 유입자냉식　　② FA(ONAF) : 유입풍냉식
③ OW(ONWF) : 유입수냉식　　④ FOA(OFAF) : 송유풍냉식
⑤ FOW(OFWF) : 송유수냉식

06 우리나라에서 표준으로 설치되는 변류기의 극성을 적으시오.

Answer

감극성

07 전원이 인가된 상태에서 아날로그 멀티 테스터기를 사용하여 전기회로의 저항값을 측정할 수 있는가?

Answer

측정 불가

08 가연성 가스나 휘발성 가스가 발생할 우려가 있는 장소, 가연성 분체를 취급하는 장소 등의 위험장소에서는 어떤 조명 기구를 사용하여야 하는가?

Answer

방폭형

09 다음 용어에 대한 설명을 하시오.

(1) UPS(Uninterruptible Power Supply)

(2) 이도(弛度)

(3) 시방서(示方書)

(4) 케이블 트레이(Cable tray)

(5) 조가선(Messanger Wire)

Answer

(1) 무정전 전원 공급 장치
(2) 전선의 지지점을 연결하는 수평선으로부터 전선이 밑으로 내려가 있는 길이
(3) 설계도면으로 나타내기 어려운 사항을 문서로 표시한 서류
(4) 케이블을 지지하기 위하여 사용하는 금속제 또는 불연성 재료로 제작된 유니트 또는 유니트의 집합체
(5) 가공전선로의 케이블 또는 통신 케이블을 지지하기 위한 강철선

10 부하개폐기(LBS)의 특징 2가지를 쓰시오.

①
②

Answer

① 부하전류를 개폐할 수 있는 단로기로 3상 연동으로 투입, 개방토록 되어 있다.
② 고장전류를 차단할 수 없으므로 고장전류를 차단할 수 있는 한류 퓨즈와 직렬로 조합하여 사용한다.

11 간접 노무비와 간접 노무비율을 구하는 계산식을 쓰시오.

(1) 간접 노무비 :
(2) 간접 노무 비율 :

Answer

(1) 간접 노무비 = 직접 노무비 × 간접 노무 비율(15[%] 이하)
(2) 간접 노무 비율 = $\dfrac{\text{공사종류별 간접노무비율} + \text{공사규모별 간접노무비율} + \text{공사기간별 간접노무비율}}{3}$

12 다음의 작업 구분에 맞는 각각의 직종명을 쓰시오. (예, 내선전공)

(1) 발전설비 및 중공업설비의 시공 및 보수
(2) 변전설비의 시공 및 보수
(3) 철탑 및 송전설비의 시공 및 보수
(4) 플랜트 프로세스의 자동제어장치, 공업제어장치 등의 시공 및 보수

Answer

(1) 플랜트전공 (2) 변전전공 (3) 송전전공 (4) 계장전공

13 지중 케이블의 고장 개소를 찾는 방법 5가지를 쓰시오.

① ②
③ ④
⑤

Answer

① 머레이 루프법   ② 펄스 레이더법
③ 정전용량법   ④ 수색코일법
⑤ 음향에 의한 방법

14 ★★★★☆
폴리머 애자 설치에 관한 그림이다. 각 기호의 ①, ②, ③, ④ 명칭을 쓰시오.

① 　　　　　　　　　　　　②
③ 　　　　　　　　　　　　④

Answer

① 볼 쇄클　② 소켓 아이　③ 폴리머 애자　④ 데드 엔드 클램프

---

15 ★★★★☆
아날로그 멀티 테스터기로 교류(AC) 전압을 측정하려면 부하설비와 어떻게 연결하여 측정하는가?

Answer

병렬로 연결

---

16 ★★☆☆☆
15~20[m] 천장에 설치되는 감지기 종류 3가지를 쓰시오.

①　　　　　　　　　　②
③

Answer

① 이온화식 1종
② 광전식(스포트형, 분리형, 공기흡입형) 1종
③ 연기복합형

---

17 ★☆☆☆☆
분산형 전원 사업자의 한 사업장에서 설비 용량 합계가 250[kVA] 이상일 경우 시설하여야 하는 장치 3가지만 적으시오.

①
②
③

Answer

① 송·배전계통과 연계지점의 연결 상태를 감시
② 유효전력, 무효전력 측정
③ 전압 측정

18 다음 그림과 같은 철탑을 무엇이라 하는지 적으시오.

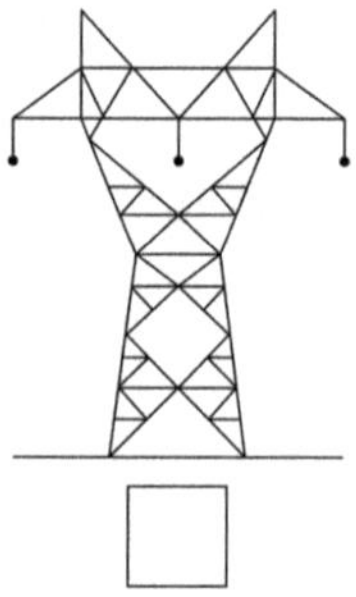

•

Answer

우두형 철탑

19 애자공사에 사용되는 애자의 요구사항이다. 다음 ( ) 안에 알맞은 내용을 쓰시오.

> "애자공사에 사용하는 애자는 (   ), (   ) 및 (   )이 있는 것이어야 한다."

Answer

절연성, 난연성, 내수성

20 변전소에 설치해야 하는 계측장치 3가지만 쓰시오.

•

Answer

주요 변압기의 전압 및 전류 또는 전력

21 전기설비의 감전예방방법 중 직접접촉예방은 전기설비가 정상으로 운전하고 있는 상태에서 전기설비에 사람 또는 동물이 접촉되는 경우를 대비하여 감전예방을 위한 보호이다. 직접접촉예방을 위한 보호방법 5가지를 쓰시오.

①   ②
③   ④
⑤

Answer

① **충전부의 절연**에 의한 보호
② **격벽 또는 외함**에 의한 보호
③ **장애물**에 의한 보호
④ **손의 접근 한계 외측** 시설에 의한 보호
⑤ **누전차단기**에 의한 추가 보호

22
내선규정에서 규정하는 도로용 발열장치 설계 시 시설장소에 따른 설비 용량[W/m²]의 표준 범위를 적으시오.

시설장소	설비 용량[W/m²]
일반보도	①
차도	②
계단	③
보도연석	④

① ② ③ ④

Answer

① 200 ~ 300 ② 250 ~ 350 ③ 300 ~ 350 ④ 250 ~ 350

23
건축전기설비에서 사용하는 것으로 PEN 선, PEM 선, PEL 선 중 보호도체와 중간선의 기능을 겸한 전선을 적으시오.

•

Answer

PEM 도체

24
전력감시 제어 설비 도입 시 효과를 3가지만 쓰시오.

① ②
③

Answer

① 운영 및 관리비용의 감소 ② 전력품질 향상
③ 신뢰성 향상

25
밴드를 이용한 애자 설치이다. 그림을 보고 ①, ②, ③, ④, ⑤ 명칭을 쓰시오.

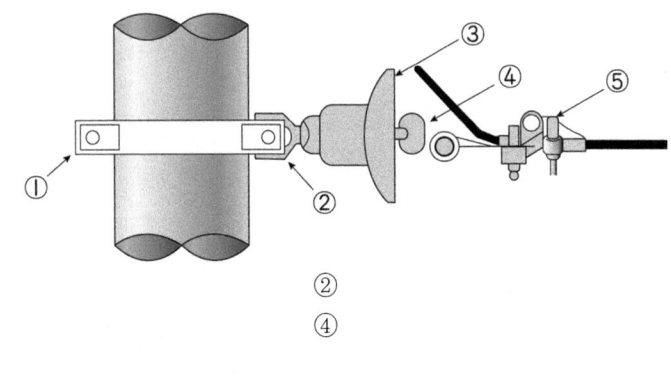

① ②
③ ④
⑤

Answer

① 지선 밴드   ② 볼 아이   ③ 현수 애자
④ 소켓 아이   ⑤ 데드 엔드 클램프

26 ★★☆☆☆ 아래 ( )에 들어갈 것을 무엇이라 하는지 적으시오.

> 피뢰기에서 방전 현상이 실질적으로 끝난 후 계속하여 전력 계통에서 공급되어 피뢰기를 통해 대지로 흐르는 전류를 ( )라고 한다.

Answer

속류

27 ★☆☆☆☆ 비접지 방식에서 GPT를 사용하여 SGR을 작동시키는 데 필요한 유효전류를 발생시키고, Open Delta 결선의 각 상의 전압에서 제3고조파 전압의 발생을 방지하여 중성점 이상 전위 진동 및 중성점 불안정 현상 등의 이상 현상 제거를 위해 GPT의 Open delta에 부착하는 기기를 적으시오.

Answer

한류저항기

28 ★★★☆☆ 견적 순서를 발주자 및 수주자 입장에서 작성해 보면 다음의 흐름도와 같다. 빈칸 ①~⑤에 알맞은 답을 써 넣으시오.

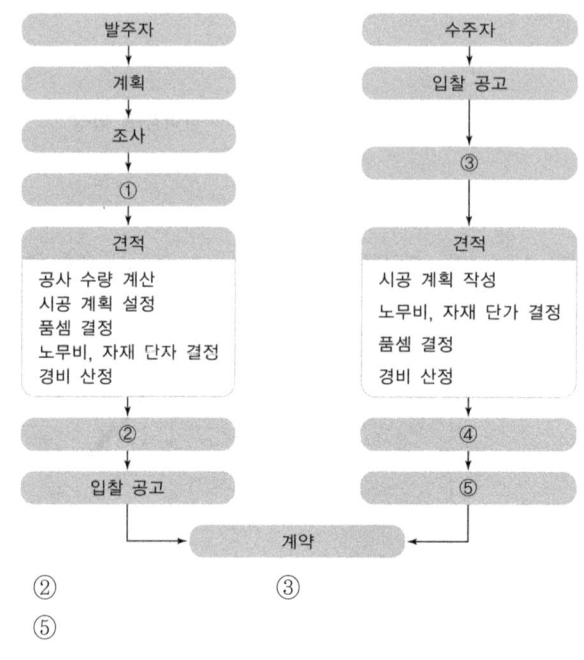

①   ②   ③
④   ⑤

Answer

① 설계   ② 예정가격 결정   ③ 현장 설명   ④ 견적가 결정   ⑤ 입찰

29 전선의 굵기를 나타내는 방법으로 연선과 단선은 어떻게 표시하는가?

(1) 연선 :
(2) 단선 :

Answer

(1) 단선 : 도체의 지름[mm]
(2) 연선 : 도체의 공칭단면적[mm^2]

30 배선에 필요한 다음 각 물음에 답하시오.

(1) 천장 은폐 배선의 그림기호를 도시하시오.

(2) VVF용 조인트 박스의 그림기호를 도시하시오.

Answer

(1) 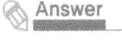   (2)

31 접지의 분류에서 아래 그림과 같은 접지공사방법의 명칭을 적으시오.

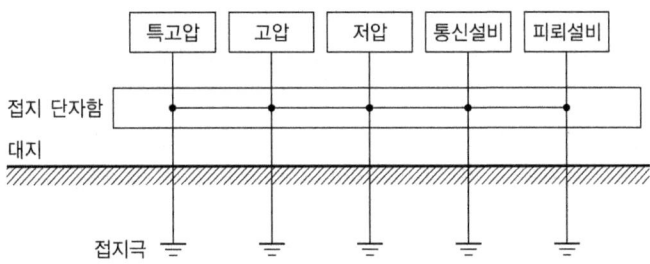

Answer

통합접지

32 다음 빈칸에 들어갈 내용을 적으시오.

발전소에서 상주 감시를 요하지 않는 경우라도 발전기 용량이 (   )[kVA]를 넘는 경우에는 발전기의 내부에 고장이 발생했을 때 발전기를 전로에서 자동적으로 차단하는 장치가 필요하다. 단, 발전소는 비상용 예비 전원을 얻을 목적으로 시설한 것이 아니다.

Answer

2,000

33 지지물의 형태에 따라 철구형과 철탑형, 수평 배치형과 수직 배치형으로 구분되어지는 것으로 지중 케이블과 가공선로를 연결하거나 지중케이블과 변전소 구내에서 인출되는 송전선로를 연결하기 위한 설비의 명칭을 적으시오.

-

Answer

케이블 헤드

34 금속제 전선관의 치수에서 후강전선관의 호칭은 다음과 같다. ( ) 안에 관의 호칭을 쓰시오.

16, 22, ( ), ( ), 42, ( ), 70, ( ), 92, ( )

Answer

28, 36, 54, 82, 104

35 다음 용어 설명에 대한 명칭을 쓰시오.

(1) 소켓, 리셉터클, 콘센트 등의 총칭을 말한다.
-
(2) 전로에 접속된 변압기 또는 콘덴서의 결선상 단위를 말한다.
-
(3) 전로에 지락이 생겼을 경우에 이를 검출하여 신속하게 차단하기 위한 장치를 말한다.
-
(4) 마루 밑에 매입하는 배선용의 홈통으로 마루 위로 전선 인출을 목적으로 하는 것을 말한다.
-
(5) 벨, 부저, 신호등 등의 신호를 발생하는 장치에 전기를 공급하는 회로를 말한다.
-

Answer

(1) 수구
(2) 뱅크
(3) 지락차단 장치
(4) 플로어 덕트
(5) 신호 회로

36 다음은 배열에 따른 장주의 형태를 나타낸 것이다. 각 장주의 명칭을 적으시오.

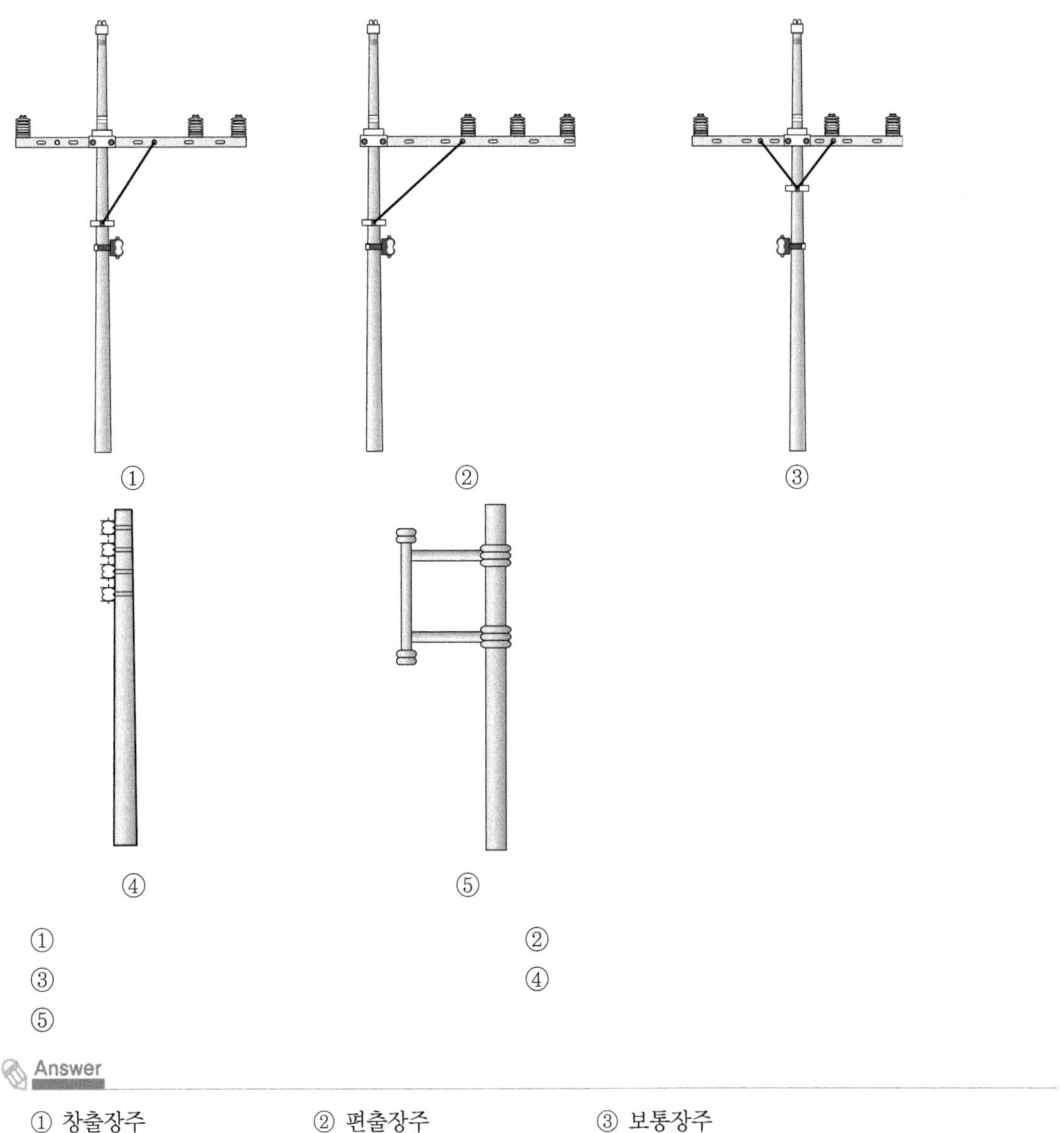

① 　　　　　　　　　　　　②
③ 　　　　　　　　　　　　④
⑤

Answer

① 창출장주　　　② 편출장주　　　③ 보통장주
④ 저압래크장주　⑤ 편출용 D형 래크장주

37 송전 계통에 발생한 고장 때문에 일부 계통의 위상각이 커져서 동기를 벗어나려고 할 때 이것을 검출하고 그 계통을 분리하기 위해서 차단하지 않으면 안 될 경우에 사용하는 계전기를 적으시오.

•

Answer

탈조 보호 계전기

38. 고압 및 특고압 가공전선로에서 피뢰기 시설이 의무화된 장소 3곳을 쓰시오.

①
②
③

Answer

① 발전소·변전소 또는 이에 준하는 장소의 가공전선 인입구 및 인출구
② 가공전선로에 접속하는 배전용 변압기의 고압측 및 특고압측
③ 고압 및 특고압 가공전선로로부터 공급을 받는 수용장소의 인입구
④ 가공전선로와 지중전선로가 접속되는 곳

39. 다음 물음에 답하시오.

(1) 저압 옥내의 배선에 사용되는 연동선의 최소 굵기는?
(2) 저압 교류와 직류의 범위는 얼마인가?
(3) 분기회로 전압강하는 보통 얼마 이하로 하는가?
(4) 수중조명 회로의 대지전압은?
(5) 저압 전로에 사용하는 A종 퓨즈는 정격의 몇 배에 견디어야 하는가?
(6) 고감도 누전 차단기의 정격 감도 전류의 최댓값은?
(7) 지반이 약한 도로에서 전장 15[m]의 철근 콘크리트주를 건주할 때 근입 깊이는?
   단, 설계하중이 7.84[kN]이다.
(8) 주택에 있어서 단위 면적[m²]당 표준 부하는?
(9) 소형 전등 수구 또는 콘센트 1개의 예상 부하는?

Answer

(1) $2.5[mm^2]$
(2) 교류 1[kV] 이하, 직류 1.5[kV] 이하
(3) 2[%]
(4) 150[V]
(5) 1.1배
(6) 30[mA]
(7) $15 \times \dfrac{1}{6} + 0.3 = 2.8[m]$
(8) $40[VA/m^2]$
(9) 150[VA]

40. 그림과 같은 철탑의 명칭을 적으시오.

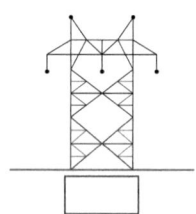

•

Answer

방형철탑

41
산업 설비 시설에서 옥외조명으로 많이 사용되는 방전램프 5가지를 쓰시오.

① ②
③ ④
⑤

Answer

① 저압 나트륨등 ② 고압 나트륨등 ③ 메탈헬라이드등
④ 고압수은등 ⑤ 초고압 수은등

42
근가용 U볼트 용도는?

Answer

전주에 근가를 취부할 때 근가를 고정시켜 주는 볼트

43
도로 조명기구의 배치방식을 3가지만 적으시오.

Answer

중앙배열, 대칭배열, 지그재그식

44
가공전선을 애자에 바인드 하는 방법은 어떤 바인드법이 있는지 3가지를 쓰시오.

① ② ③

Answer

① 인류 바인드법 ② 측부 바인드법 ③ 두부 바인드법

45
연접인입선의 정의를 적으시오.

Answer

하나의 수용장소의 인입선 접속점에서 분기하여 지지물을 거치지 아니하고 다른 수용장소의 인입선 접속점에 이르는 전선

46
아래는 경질 비닐전선관의 호칭에 관한 표이다. 각 ( ) 안에 들어갈 호칭을 적으시오.

14, 16, (①), (②), (③), 42, 54, 70, 82, 100

①　　　　　　　　　②　　　　　　　　　③

Answer

① 22　　　　② 28　　　　③ 36

47 다음 ( )에 알맞은 말을 각각 적으시오.

> 2대 이상의 발전기를 병렬 운전할 경우 발전기 기전력의 주파수와 (①), (②) 및 (③)이(가) 같아야 한다.

①　　　　　　　　　②　　　　　　　　　③

Answer

① 기전력의 크기　　② 기전력의 위상　　③ 기전력의 파형

48 전기설비기술기준의 한국전기설비규정에 의거하여 다음의 물음에 알맞은 답을 적으시오.

(1) 저압 가공전선이 도로 횡단 시 지표상의 높이는 몇 [m] 이상이어야 하는지 적으시오.
(2) 고압 가공전선이 철도를 횡단 시 레일면상 높이는 몇 [m] 이상이어야 하는지 적으시오.
(3) 저압 가공전선에 절연전선을 사용하여 횡단보도교 위에 시설하는 경우에는 저압 가공전선은 그 노면상 몇 [m] 이상이어야 하는지 적으시오.

Answer

(1) 6[m]　　　　(2) 6.5[m]　　　　(3) 3[m]

49 전력 수송방식 중 직류송전 방식의 장점을 3가지만 적으시오.

①
②
③

Answer

① 선로의 리액턴스가 없으므로 안정도가 높다.
② 교류방식에 비해 절연 레벨이 낮다.
③ 비동기 연계가 가능하다.

50 전력용 커패시터 내부에 고장이 생기거나 과전류 또는 과전압 발생 시 자동 차단기를 보호장치로 시설해야 한다. 이 때 뱅크용량은 몇 [kVA] 이상인지 적으시오.

•

Answer

15,000[kVA]

51 기계장비의 경비 산정에서 "상각비"란 무엇을 말하는가?

Answer

기계의 사용에 따른 가치의 감가액

52 Static UPS와 Motor/Generator를 조합한 것을 무엇이라 하는지 적으시오.

Answer

Dynamic UPS

53 차단기의 성능을 나타내는 요소 중 하나인 정격 개극 시간에 대하여 간략히 적으시오.

Answer

폐로되어 있는 차단기의 트립장치가 여자되어 접촉자가 개리(開離)하기 시작할 때까지의 시간

54 변전소에서 사용하는 전압 조정 장치 중 부하전류가 흐르는 상태에서 전압을 조정할 수 있는 장치로 부하 시 전압 조정 장치(OLTC : On Load Tap Changer)가 있다. 이 전압 조정 장치의 구성 요소를 보기에서 골라 3가지만 쓰시오.

[보기]
차단기, 부하전류 개폐기, 탭 선택기, 탭 확장기, 변류기

Answer

부하전류 개폐기, 탭 선택기, 탭 확장기

55 무정전 공법의 종류 3가지를 쓰시오.
① ②
③

Answer

① 이동용 변압기차 공법　② 바이패스 케이블 공법　③ 공사용 개폐기 공법

56 "안전관련 설비"란 건축물에 필수적이며, 사람의 안전 및 환경 또는 다른 물체에 손상을 주지 않게 하기 위한 설비를 말한다. 안전관련 설비 중 비상전원이 필요한 설비 5가지만 적으시오.

Answer

비상조명, 제연설비, 자동화 설비, 소화전 설비, 피난설비(유도등, 비상조명등)

57 다음 전기 심볼의 명칭을 답하시오.

(1) ◉ (2) E (3) ─○─ (4) ● (5) B

Answer

(1) 손잡이 누름버튼
(2) 누전차단기
(3) 목주
(4) 점멸기
(5) 배선용 차단기

58 Rotary Converter의 용도는?

Answer

교류전력을 직류전력으로 바꾸는 회전기로서 직류 전기철도나 전기 화학공장의 전원으로 사용

59 자가용전기설비 수용가의 인입구 개폐기로 사용되는 ASS의 설치 사유를 설명하고, 명칭을 적으시오.

• 설치 사유 :
• 명칭 :

Answer

• 설치 사유 : 고장 구간을 자동 개방하여 파급 사고 방지
• 명칭 : 자동고장 구분 개폐기

60 전기설비기술기준의 한국전기설비규정에 의해 전기저장장치의 이차전지에 자동적으로 전로로부터 차단하는 장치를 시설하여야하는 경우를 3가지만 적으시오.

①
②
③

Answer

① 과전압 또는 과전류가 발생한 경우
② 제어장치에 이상이 발생한 경우
③ 이차전지 모듈의 내부 온도가 급격히 상승할 경우

61 UPS의 운전 상태에서 바이패스(bypass) 전환 회로는 어떤 역할을 하는지 쓰시오.

Answer

UPS나 축전지의 점검 또는 만일의 고장에 대해서도 교류입력 전압과 부하정격 전압의 크기를 같게 하여 중요 부하에 응급적으로 상용교류전력을 공급하기 위한 회로

62 특고압 가공 전선로 중 지지물로서 전선로를 보강하기 위하여 세워지는 철탑으로, 직선 철탑이 다수 연속될 경우에는 약 10기마다 1기의 비율로 설치되며, 서로 인접하는 경간의 길이가 크게 달라 지나친 불평형 장력이 가해지는 경우 등에 설치되는 철탑은 무엇인지 적으시오.

Answer

내장형 철탑

63 다음 ( )에 들어갈 내용을 답란에 적으시오.

> 콘크리트 직매용 케이블을 구부릴 때 피복이 손상되지 않도록 그 굴곡부 안쪽의 반경은 케이블 외경의 (①)배 이상, 단심인 경우는 (②)배 이상으로 하여야 한다. 다만, 부득이한 경우는 케이블의 피복에 균열이 생기지 않을 정도로 굴곡시킬 수 있다.

① ②

Answer

① : 6 ② : 8

64 활선공법에서 특고압 핀 애자 또는 라인 포스트 애자를 방호할 때 사용하는 절연체는 무엇인가?

Answer

애자 덮개(Insulator Cover)

65 고압 개폐기의 종류에서 단로기의 기능, 용도, 기호를 쓰시오.

(1) 기능 :
(2) 용도 :
(3) 기호 :

Answer

(1) 무부하 회로 개폐 장치
(2) 기기를 전로에서 개방하거나 모선의 접속을 변경하는 데 사용

(3) DS

66 한류저항기(CLR)의 설치목적 3가지를 적으시오.

①
②
③

Answer

① 비접지 방식에서 GPT를 사용하고 SGR을 동작시키는 데 필요한 유효전류를 발생
② open delta 결선의 각 상의 제3고조파 전압 발생을 방지
③ 중성점 이상 전위 진동 및 중성점 불안정 현상 등의 이상현상을 제거

67 그림과 같은 회로에서 전원을 개폐하고자 한다. 이 경우 단로기와 차단기의 조작 순서를 적으시오.

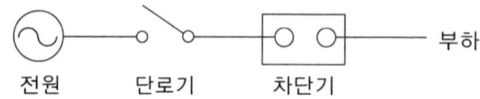

전원투입 순서 :   →
전원차단 순서 :   →

Answer

전원투입 순서 : 단로기 → 차단기
전원차단 순서 : 차단기 → 단로기

68 사람이 상시 통행하는 터널 내의 배선은 그 사용전압이 저압일 경우 시설하는 배선방법을 3가지만 적으시오.

•

Answer

금속관공사, 합성수지관공사, 케이블공사

69 1종, 2종 가요전선관을 구부리는 경우의 시설이다. 다음 물음에 답하시오.

(1) 노출장소 또는 점검 가능한 은폐장소에서 관을 시설하고 제거하는 것이 자유로운 경우에는 곡률 반지름을 2종 가요 전선관 안지름의 몇 배 이상으로 하여야 하는가?
(2) 노출장소 또는 점검 가능한 은폐장소에서 관을 시설하고 제거하는 것이 부자유하거나 점검이 불가능할 경우에는 곡률 반지름을 2종 금속제 가요 전선관 안지름의 몇 배 이상으로 하여야 하는가?
(3) 1종 가요 전선관을 구부릴 경우의 곡률 반지름은 관 안지름의 몇 배 이상으로 하여야 하는가?

Answer

(1) 3배   (2) 6배   (3) 6배

70 수은구, 저압 나트륨구, 메탈헬라이드 구, 형광등 중 가장 효율이 좋은 전구는 어느 것인가?

Answer

저압 나트륨구

71 절연전선으로 가선된 배전선로에서 활선 상태인 경우 전선의 피복을 벗기는 것은 매우 곤란한 작업이다. 이런 경우 활선 상태에서 전선의 피복을 벗기는 공구를 적으시오.

Answer

활선 피박기

72 중앙급전 전원과 구분되는 것으로서 전력소비지역 부근에 분산하여 배치 가능한 전원(상용전원의 정전 시에만 사용하는 비상용 예비전원을 제외한다)을 말하며, 산재생에너지 발전설비, 전기저장장치 등을 포함하는 것을 무엇이라 하는지 적으시오.

Answer

분산형 전원

73 가공전선로용 애자의 종류를 4가지만 적으시오.

Answer

핀애자, 현수애자, 라인포스트 애자, 인류애자

74 건축물 전기설비에서 저압 간선 케이블의 굵기를 산정하는 데 고려하여야 할 요소를 3가지만 쓰시오.

① ② ③

Answer

① 허용전류 ② 전압강하 ③ 기계적 강도

75 직선철탑은 전선로의 직선부분 또는 수평각도가 최대 몇 도 이내의 곳에 사용되는지 쓰시오.

Answer

3도

76 둥근 물건의 외경이나 파이프 등의 내경 또는 가공물의 깊이 등을 측정하며 본척, 부척에 의하여 1/10[mm] 또는 1/20[mm]까지 측정할 수 있는 측정 기구는?

•

Answer

버니어 켈리퍼스

77 그림은 거치용 축전지의 충전장치를 간략하게 표시한 도면이다. 다음 물음에 답하시오.

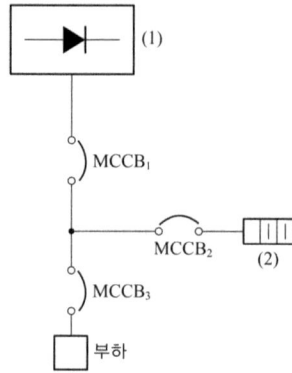

(1) 도면에 표시된 (1) 그림의 명칭은?
(2) 도면에 표시된 (2) 그림의 명칭은?

Answer

(1) 정류기
(2) 축전지

78 다음은 네온전선의 약호이다. 이에 대한 명칭을 우리말로 쓰시오.

(1) N-RC :
(2) N-EV :
(3) N-V :
(4) N-RV :

Answer

(1) 고무절연 클로로프렌 시스 네온전선
(2) 폴리에틸렌 절연 비닐 시스 네온전선
(3) 비닐절연 네온전선
(4) 고무절연 비닐 시스 네온전선

79 원칙적으로 배전반에 전압계, 전류계를 부착해야 하는 부하의 합계용량(변압기 용량)은 최소 몇 [kVA] 초과인지 쓰시오.

•

Answer

300[kVA]

80 서지흡수기(Surge Absorber)의 기능을 쓰시오.

•

Answer

구내선로에서 발생할 수 있는 개폐서지, 순간과도전압 등으로 2차기기에 악영향을 주는 것을 방지

81 전기설비기술기준의 한국전기설비규정의 용어 정의에서 계통연계란 무엇인지 쓰시오.

•

Answer

둘 이상의 전력계통 사이를 전력이 상호 융통될 수 있도록 선로를 통하여 연결하는 것

82 전기설비기술기준의 한국전기설비규정에 의거하여 다음 (   ) 안에 알맞은 내용을 쓰시오.

(1) 애자공사에서 사용전압이 400[V] 이하인 경우 전선과 조영재 사이의 이격거리는 (   )[cm] 이상이어야 한다.
(2) 합성수지 몰드 공사에서 합성수지 몰드는 홈의 폭 및 깊이가 3.5[cm] 이하의 것일 것. 다만, 사람이 쉽게 접촉할 우려가 없도록 시설하는 경우에는 폭이 (   )[cm] 이하의 것을 사용할 수 있다.
(3) 라이팅 덕트 공사에서 덕트의 지지점 간의 거리는 (   )[m] 이하로 하여야 한다.
(4) 고압 가공전선로의 경간에서 철탑은 경간이 (   )[m] 이하이어야 한다.
(5) 소세력 회로의 시설에서 소세력 회로는 전자개폐기의 조작회로 또는 초인벨, 경보벨 등에 접속하는 전로로서 최대 사용전압이 (   )[V] 이하인 것을 사용하여야 한다.
(6) 특고압 가공전선이 삭도와 제2차 접근상태로 시설되는 경우 특고압 가공전선로는 (   ) 특고압 보안공사를 하여야 한다.

Answer

(1) 2.5 (2) 5   (3) 2
(4) 600 (5) 60 (6) 제2종

83 축전지실을 점검 또는 보수할 때 유의점 6가지를 쓰시오.

①   ②
③   ④
⑤   ⑥

Answer

① 충분한 환기   ② 보호장구의 착용
③ 외부 손상 여부 점검   ④ 균열 여부 점검
⑤ 누액 여부 점검   ⑥ 화기엄금

84 가스 터빈 발전설비가 필요한 경우를 5가지만 적어라.

①
②
③
④
⑤

Answer

① 기동 시간이 짧은 첨두부하용
② 물처리 시설이 필요 없고 냉각수 소요 용량이 적은 곳
③ 설치 장소를 비교적 자유롭게 선정 가능
④ 건설 시간이 짧고 증설, 이설이 쉬운 곳
⑤ 운전 조작이 간단하고 운전에 대한 신뢰도가 높은 경우

85 건축설비에 관련된 용어이다. 다음 용어에 대하여 설명하시오.

(1) Ⅱ급기기(Class Ⅱ equipment)란?

(2) 케이블 트레이(Cable tray)란?

(3) TT 계통(TT system)이란?

Answer

(1) Ⅱ급기기란 기본 예방용 및 고장 예방용 조치로 보조절연을 구비 또는 이들 중 기본 예방 및 고장 예방을 강화한 절연으로 갖춘 기기를 말한다.
(2) 케이블 트레이란 전선들을 연속적으로 포설하여, 전선들이 떨어지지 않도록 하는 사이드 레일이 있고 커버가 없는 것을 말한다.
(3) TT 계통이란 전원의 한 점을 직접접지하고 설비의 노출 도전성 부분을 전원 계통의 접지극과는 전기적으로 독립한 접지극에 접지하는 접지계통을 말한다.

86 삼각법이라고도 하며 전극을 정삼각형으로 배치하고 극간 저항 값에 의해 대지저항(률)을 측정하는 측정법을 쓰시오.

Answer

콜라우시 브리지법

87 피뢰기의 구성 요소 2가지를 쓰고 그 역할을 설명하시오.

①
②

Answer

① 직렬 갭 : 뇌 전류를 대지로 방전시키고 속류를 차단
② 특성 요소 : 뇌 전류 방전 시 피뢰기 자신의 전위 상승을 억제하여 자신의 절연파괴 방지

88 배전선로에 설치된 피뢰기의 공칭방전전류는 몇 [A]이며, 공칭방전전류의 의미는 무엇인지 쓰시오.

- 공칭방전전류 :   [A]
- 의미 :

Answer

- 공칭방전전류 : 2,500[A]
- 의미 : 피뢰기에 흐르는 전류의 크기 피뢰기의 보호성능 및 회복성능을 표현하기 위해 사용

89 수·변전설비에서 CT와 PT에 대하여 각각의 물음에 답하시오.

(1) PT의 1차 측과 2차 측에 퓨즈를 접속해야 하는 이유를 설명하시오.
  •

(2) CT의 2차 측에 퓨즈를 접속할 수 없는 이유를 설명하시오.
  •

Answer

(1) 계기용변압기 및 부하 측에 사고 발생 시 이를 고압회로로부터 분리함으로써 PT 보호 및 사고 확대를 방지
(2) 사용 중의 변류기 2차 측에 퓨즈 접속 시 퓨즈가 용단되면 변류기 1차 측 부하 전류가 모두 여자 전류가 되어 변류기 2차 측에 고전압을 유기하여 변류기의 절연을 파괴할 수 있다.

90 "분기회로"란 무엇인지 용어의 정의를 쓰시오.

•

Answer

간선에서 분기하여 분기과전류차단기를 거쳐서 부하에 이르는 사이의 배선

91 금속제 케이블 트레이에 사용할 수 있는 전선의 종류 3가지만 쓰시오.

①
②
③

Answer

① 난연성케이블
② 기타 케이블(적당한 간격으로 연소(延燒)방지 조치를 하여야 한다.)
③ 금속관 혹은 합성수지관 등에 넣은 절연전선

92 22.9[kV-Y] 중성점 다중접지 계통의 지중 배전선로에 사용되는 개폐기로서 정전이 발생할 경우 큰 피해가 예상되는 수용가에 서로 다른 변전소에서 2중 전원을 확보하여 A 변전소에서 공급되는 상용전원의 정전이나 기준전압 이하로 떨어진 경우에 B 변전소에서 공급되는 예비전원으로 순간 자동 전환을 하는 그림 (가)의 개폐기 명칭을 쓰시오.

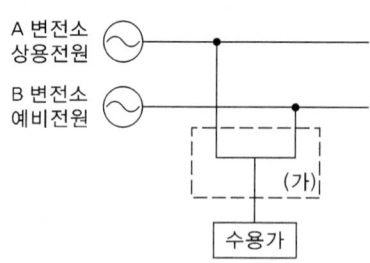

Answer

자동부하전환개폐기

93 지중배선 방식 중 관로인입식의 맨홀에 사용되는 부속설비를 5가지만 쓰시오.

Answer

맨홀 뚜껑, 발판볼트, 사다리, 관로구 및 방수장치, 훅크

94 15[m] 전주에 설치된 도면을 보고 다음 물음에 답하시오.

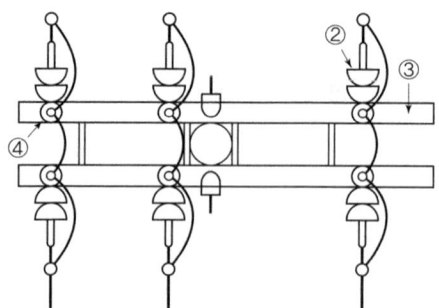

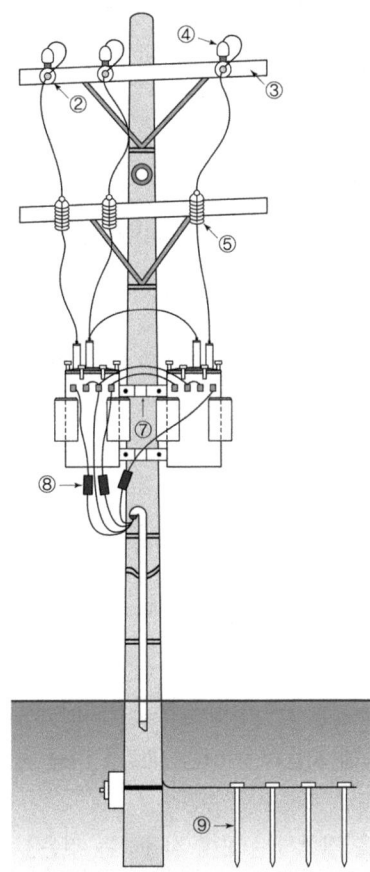

(1) 도면에 표시된 ④의 규격이 23[kV] 56-2호이다. 특고압 핀 애자는 몇 개인가?
(2) 도면에 표시된 ⑤의 품명은 무엇인가?
(3) 도면에 표시된 ⑦의 품명은 정확히 무엇인가?
(4) 도면에 표시된 ⑧의 품명은 무엇이며, 수량은 몇 개인가?
(5) 그림에 표시된 ⑨의 명칭은?

Answer

(1) 6개　　　　　　　(2) COS　　　　　　　(3) 행거 밴드
(4) 품명 : 캐치 홀더, 수량 : 3개　　　(5) 접지봉

95 건설현장 등의 애자공사에 의한 임시시설에 전기를 공급하는 전로에 시설하여야 하는 차단기를 쓰시오.

Answer

누전차단기

96 수전단에 부하가 요구하는 무효전력과 원선도상에서 정해지는 무효전력과의 차에 해당하는 무효전력을 별도로 공급해 주기 위하여 사용하는 조상설비의 종류를 3가지만 쓰시오.

-

Answer

동기조상기, 분로리액터, 전력용콘덴서

97 자동 화재탐지설비의 발신기의 설치 기준에 대하여 3가지만 쓰시오.

①
②
③

Answer

① 다수인이 보기 쉽고 조작이 쉬운 장소에 설치할 것
② 스위치는 바닥으로부터 0.8[m] 이상 1.5[m] 이하의 높이에 설치할 것
③ 특정 소방대상물의 층마다 설치하되, 해당 특정 소방대상물의 각 부분으로부터 하나의 발신기까지 거리가 수평거리가 25[m] 이하(터널은 주행 방향의 측벽 길이 50[m] 이내)가 되도록 할 것

98 굴곡 개소가 많고 금속관 공사를 하기 어려운 경우, 전동기와 옥내배선을 결합하는 경우 기타 시설의 건조물에 배선하는 경우 등에 사용하는 배관 재료를 다음 물음에 답하시오.

(1) 전선관과 박스와의 접속에 사용하는 것은?
(2) 가요 전선관과 금속관을 결합하는 곳에 사용하는 것은?
(3) 돌려서 접속할 수 없는 경우의 가요 전선관과 금속관을 결합하는 곳에 사용하는 것은?
(4) 직각으로 박스에 붙일 때 사용하는 것은?
(5) 가요 전선관 상호를 결합하는 곳에 사용하는 것은?

Answer

(1) 스트레이트 박스 커넥터
(2) 컴비네이션 커플링
(3) 컴비네이션 유니온 커플링
(4) 앵글 박스 커넥터
(5) 스플릿 커플링

99 한국전기설비규정(KEC)의 공사방법에 관한 기술지침에서 거의 모든 장소에서 적용 가능한 옥내 배선 방법 5가지를 적으시오.

①   ②
③   ④
⑤

Answer

① 합성수지관공사   ② 금속관공사
③ 가요전선관공사(2종 비닐피복가요전선관)   ④ 케이블트레이공사
⑤ 케이블공사

100

극판형식에 의한 축전지의 분류표이다. 빈칸에 알맞은 내용을 쓰시오.

종별	연축전지	알칼리축전지	니켈수소전지
형식명	클래드식(CS) 페이스트식(HS)	포켓식 소결식	GMH형
기전력[V]	2.05 ~ 2.08	( )	1.34
공칭전압[V]	( )	( )	1.2
공칭용량[Ah]	( )	5시간율	( )

Answer

종별	연축전지	알칼리축전지	니켈수소전지
형식명	클래드식(CS) 페이스트식(HS)	포켓식 소결식	GMH형
기전력[V]	2.05 ~ 2.08	(1.32)	1.34
공칭전압[V]	(2.0)	(1.2)	1.2
공칭용량[Ah]	(10시간율)	5시간율	(5시간율)

101

페란티 현상(Ferranti effect)을 간략하게 설명하고, 페란티 현상을 방지하기 위하여 설치하는 기기를 쓰시오.

(1) 페란티 현상(Ferranti effect)에 대하여 설명하시오.
 •
(2) 페란티 현상을 방지하기 위한 기기를 쓰시오.
 •

Answer

(1) 무부하시 선로의 정전용량에 의하여 수전단의 전압이 송전단의 전압보다 높아지는 현상
(2) 분로리액터(Sh.R)

102

다음 전선의 약호를 보고 각각의 명칭을 쓰시오.

(1) ACSR : (2) OW :
(3) FL : (4) DV :
(5) MI :

Answer

(1) ACSR : 강심 알루미늄 연선
(2) OW : 옥외용 비닐 절연 전선
(3) FL : 형광 방전등용 비닐 전선
(4) DV : 인입용 비닐 절연 전선
(5) MI : 미네럴 인슐레이션 케이블

103

전기사업법 상에서 정의하는 전기설비의 종류를 3가지만 쓰시오.

①   ②
③

  Answer

  ① **전기사업용**전기설비　　② **일반용**전기설비
  ③ **자가용**전기설비

104 ★★☆☆☆
지시전기계기의 동작원리에 의한 분류를 나타낸 것으로 번호 (1), (2), (3), (4)의 빈칸에 적당한 계기의 종류 및 사용 용도를 기입하시오.

계기의 종류	기호	사용 용도(교·직류)
가동 Coil형		직류
(1)		(3)
(2)		(4)

(1)　　　　　(2)　　　　　(3)　　　　　(4)

  Answer

  (1) 전류력계형　　　　(2) 유도형
  (3) 직류, 교류　　　　(4) 교류

105 ★★★☆☆
그림에서 S는 인입구 개폐기이다. F는 어떤 개폐기인가?

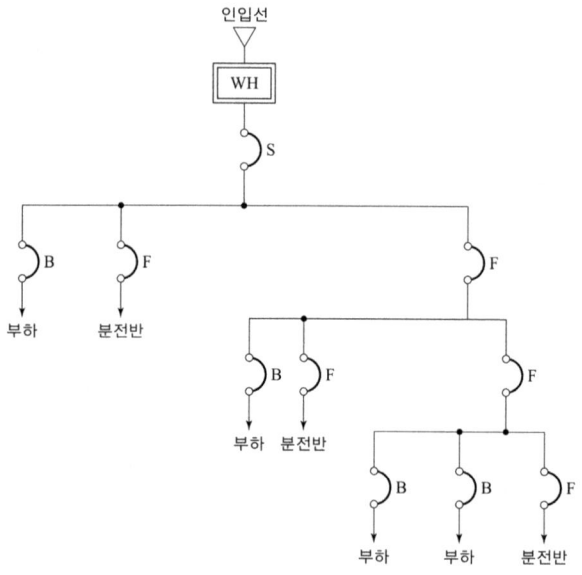

  Answer

  간선 개폐기

106 ★★★☆☆

그림과 같이 영상 변류기를 당해 케이블의 전원 측에 설치하는 경우, 케이블 차폐층의 접지도체는 어떻게 시설하는 것이 옳은지 접지도체를 그리시오. 단, 케이블의 거리는 100[m]이다.

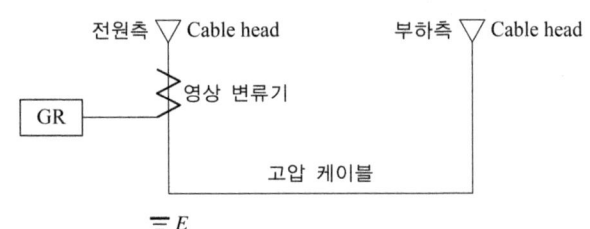

Answer

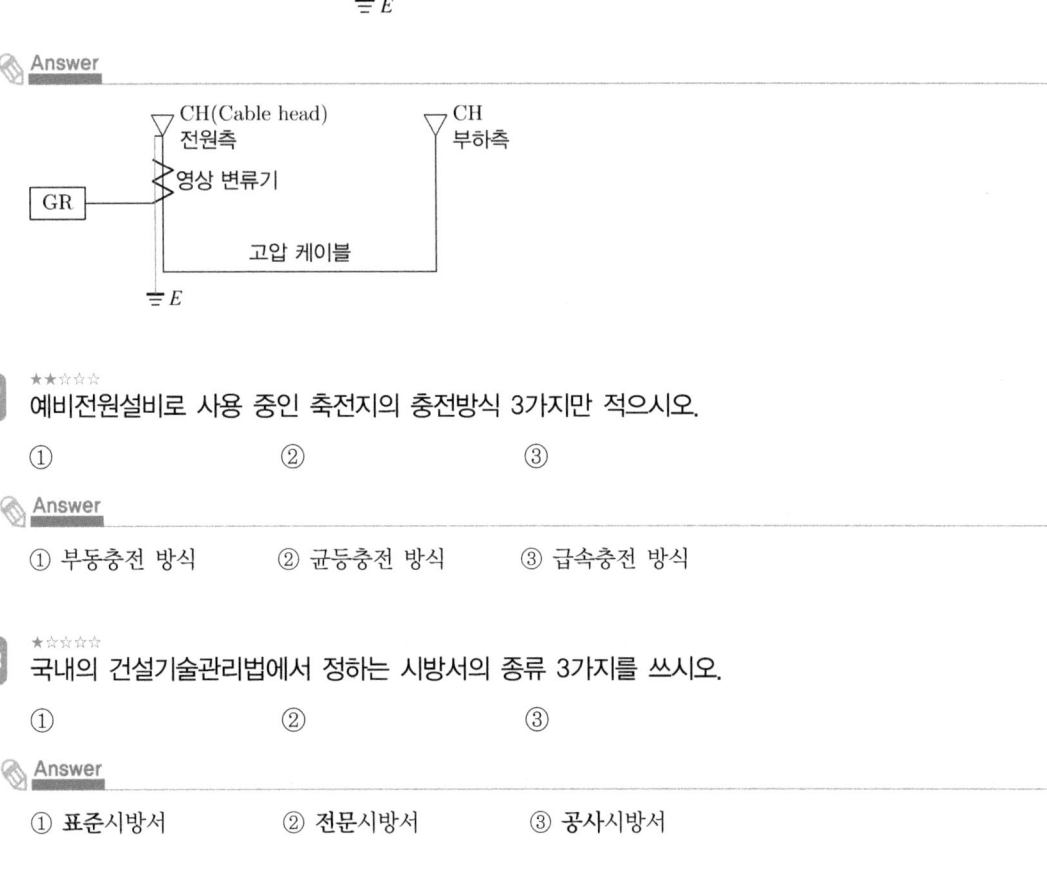

107 ★★☆☆☆

예비전원설비로 사용 중인 축전지의 충전방식 3가지만 적으시오.

① ② ③

Answer

① 부동충전 방식   ② 균등충전 방식   ③ 급속충전 방식

108 ★☆☆☆☆

국내의 건설기술관리법에서 정하는 시방서의 종류 3가지를 쓰시오.

① ② ③

Answer

① 표준시방서   ② 전문시방서   ③ 공사시방서

109 ★☆☆☆☆

다음 ( ) 안에 알맞은 내용을 쓰시오.

(1) 지중전선로는 전선에 (①)을 사용하고 또한 (②)·(③) 또는 (④)에 의하여 시설하여야 한다.

① ② ③ ④

(2) 상용전원이 정전되었을 때 사용하는 비상용 예비전원(수용 장소에 시설하는 것만 해당한다.)은 (⑤) 측의 수용 장소에 시설하는 전로 이외의 전로와 (⑥)이 전기적으로 접속되지 않도록 시설하여야 한다.

⑤ ⑥

(3) 전로의 필요한 곳에는 과전류에 의한 과열소손으로부터 (⑦) 및 (⑧)를 보호하고 화재의 발생을 방지할 수 있도록 과전류로부터 보호하는 차단 장치를 시설하여야 한다.

⑦ ⑧

Answer

(1) ① 케이블 ② 관로식 ③ 암거식 ④ 직접 매설식
(2) ⑤ 상용전원 ⑥ 비상용 예비전원
(3) ⑦ 전선 ⑧ 기계기구

---

110 ★★★★★
피뢰설비 방식을 3가지만 적으시오.
①   ②   ③

Answer

① 돌침 방식   ② 메시 방식   ③ 수평도체 방식

---

111 ★☆☆☆☆
케이블 고장점 탐지법 중 전기적 사고점 탐지법의 하나로서 휘스톤 브리지의 원리를 이용하여 선로상의 고장점(1선 지락사고, 선간 지락사고)을 검출하는 방법은 무엇인지 적으시오.

•

Answer

머레이루프법

---

112 ★★★☆☆
전기설비의 접지 목적에 대하여 3가지만 쓰시오.
①   ②   ③

Answer

① 감전방지   ② 이상전압의 억제   ③ 보호계전기의 동작 보호

---

113 ★☆☆☆☆
매입 방법에 따른 건축화 조명 방식을 5가지만 적으시오.
①   ②   ③
④   ⑤

Answer

① 매입 형광등   ② 다운라이트   ③ 핀홀 라이트
④ 코퍼 라이트   ⑤ 라인 라이트

---

114 ★★★☆☆
대형 부표준기 계기의 등급을 0.2급이라 한다면, 휴대용계기(정밀급) 및 배전반용 소형계기의 등급을 적으시오.

(1) 휴대용계기(정밀급) :   (2) 배전반용 소형계기 :

Answer

(1) 휴대용계기(정밀급) : 0.5급   (2) 배전반용 소형계기 : 2.5급

115
네온관용 전선의 기호가 7.5[kV] N-RV일 경우 N, R, V는 각각 무엇을 의미하는지 적으시오.
- N :
- R :
- V :

Answer
- N : 네온전선
- R : 고무
- V : 비닐

116
다음 중 교류 전등 공사에서 금속관 내에 전선을 넣어 연결한 방법 중 가장 옳은 것을 선택하고 그 사유를 쓰시오.

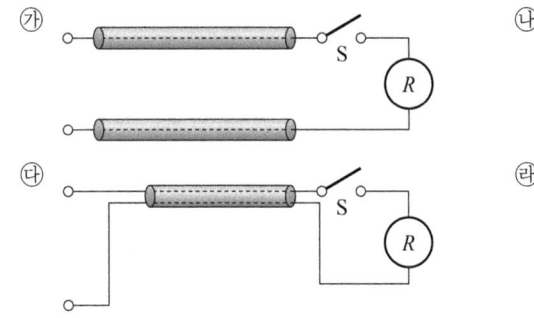
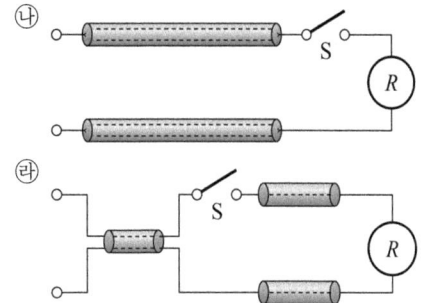

- 연결한 방법 중 옳은 것 :
- 사유 :

Answer
- 연결한 방법 중 옳은 것 : ㈐
- 사유 : 전자적 평형 상태 유지

117
다음은 어떤 조명 방식인지 각 물음에 답하시오.
(1) 조명 기구를 일정한 높이 및 간격으로 배치하여 방 전체의 조도를 균일하게 조명하는 방식
(2) 희망하는 곳에 희망하는 방향으로부터 충분한 조도를 얻을 수 있는 방식

Answer
(1) 전반조명방식
(2) 국부조명방식

118
버스 덕트의 종류 5가지를 쓰시오.
① ②
③ ④
⑤

Answer
① 피더 버스 덕트
② 익스펜션 버스 덕트
③ 탭붙이 버스 덕트
④ 트랜스포지션 버스 덕트
⑤ 플러그인 버스 덕트

119 다음 그림은 고압 수전설비 진상콘덴서 접속 뱅크 결선도이다. 질문에 답하시오.

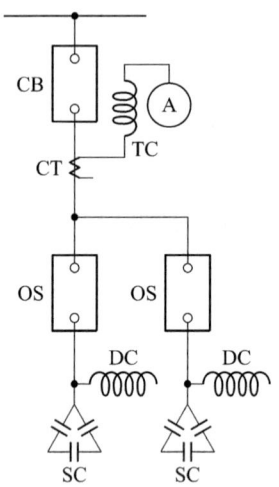

(1) 콘덴서 용량이 100[kVA] 이하인 경우 CB 대신 사용 가능한 개폐기를 적으시오.
(2) 콘덴서 용량이 50[kVA] 미만인 경우 OS 대신 사용 가능한 개폐기를 적으시오.

Answer

(1) OS(또는 인터럽트 스위치)
(2) COS(직결로 함)

120 전력계통에 일반적으로 사용되는 리액터의 설치 목적을 간단히 적으시오.

- 병렬 리액터 :
- 직렬 리액터 :
- 소호 리액터 :

Answer

- 병렬 리액터 : 페란티 현상의 방지
- 직렬 리액터 : 제5고조파 제거
- 소호 리액터 : 지락아크 소멸

121 내선규정에서 정의하는 배전반 및 분전반의 시설 장소를 3가지만 적으시오.

①
②
③

Answer

① **전기회로를 쉽게 조작할 수 있는 장소**
② **개폐기를 쉽게 조작할 수 있는 장소**
③ **노출된 장소**

122 다음 공구의 명칭에 따른 용도에 대하여 서술하시오.

(1) 오스터(oster) :

(2) 리머(reamer) :
(3) 녹아웃 펀치(knock out punch) :

Answer

(1) 오스터(oster) : **금속관에 나사를 내기 위한 공구**
(2) 리머(reamer) : **드릴로 뚫은 구멍을 정확한 치수로 넓히거나 다듬질하는 데 사용하는 공구**
(3) 녹아웃 펀치(knock out punch) : **철판에 구멍을 뚫는 공구**

123. 일반적으로 전력용 변압기의 절연유에 요구되는 성질을 5가지만 적으시오.

①　　　　　　　　　　　　　　　　②
③　　　　　　　　　　　　　　　　④
⑤

Answer

① 절연내력이 클 것　　　　　　　② 점도가 낮고, 냉각 효과가 클 것
③ 인화점은 높을 것　　　　　　　④ 응고점은 낮을 것
⑤ 고온에서 산화하지 않고, 석출물이 생기지 않을 것

124. 지중관로 케이블포설 공사 시 포설 전 유의사항을 3가지만 적으시오.

①　　　　　　　　　　　　　　　　②
③

Answer

① 맨홀 내의 가스 검출, 산소 측정 및 환기　② 맨홀 내의 배수 및 청소
③ 드럼측과 윈치측의 연락체계 확인

125. Still의 식은 송전선로에서 무엇을 구하기 위한 실험식인지 적으시오.

•

Answer

경제적인 송전전압 결정

126. 다음 저항을 측정하는 데 가장 적당한 측정 방법은?

(1) 변압기의 절연저항 :　　　　　(2) 검류계의 내부저항 :
(3) 전해액의 저항 :　　　　　　　(4) 굵은 나전선의 저항 :
(5) 접지저항 측정 :

Answer

(1) 메거(절연저항계)　　　　　　　(2) 휘스톤 브리지
(3) 콜라우시 브리지　　　　　　　(4) 캘빈더블 브리지
(5) 콜라우시 브리지(접지저항계)

127 전기설비의 접지계통과 건축물의 피뢰설비 및 통신설비 등의 접지극을 공용하는 접지방법을 적으시오.

Answer

통합접지

128 특별 고압 수용가에서 15분 단위로 전력 사용량을 측정하는 계기를 적어라.

Answer

최대수요전력계부 전력량계

129 수·변전설비 공사에서 차단기의 정격차단 용량식과 차단기 종류를 4가지만 쓰시오.
(1) 차단기의 정격차단 용량 식 :
(2) 차단기 종류 :

Answer

(1) 차단기 용량 식 : $P_s = \sqrt{3} \times$ 정격전압 $\times$ 정격차단전류 $\times 10^{-6}$[MVA]
(2) 차단기 종류 : 유입차단기, 진공차단기, 공기차단기, 가스차단기

130 옥내에 시설하는 공사에서 지지점 간의 거리는 얼마인지 각각의 질문에 답하시오.
(1) 합성수지관 공사에서 관의 지지점 간의 최대 거리
(2) 애자공사에서 전선의 지지점 간의 최대 거리(단, 전선을 조영재의 윗면에 따라 붙이는 경우)
(3) 버스덕트 공사에서 덕트의 지지점 간의 최대 거리(단, 덕트를 조영재에 붙이는 경우)

Answer

(1) 1.5[m]   (2) 2[m]   (3) 3[m]

131 그림은 전력케이블의 시공설치도이다. 어떤 시공방법인지 쓰시오.

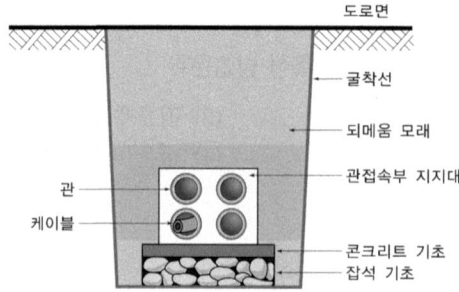

Answer

관로식

132. 눈부심(Glare)에 대하여 다음 물음에 답하시오.

(1) 눈부심(Glare)의 정의
  •

(2) 눈부심의 종류 3가지
  ①   ②   ③

Answer

(1) 눈부심(Glare)의 정의 : 시야 내의 어떤 휘도로 인하여 **불쾌**, 고통, 눈의 피로 등을 유발시키는 현상
(2) 눈부심의 종류 3가지 : ① **감능**글레어, ② **불쾌**글레어, ③ **직시**글레어

133. 변압기의 냉각 방식 기호 중 AF의 명칭을 쓰고 설명하시오.

(1) 명칭 :
(2) 설명 :

Answer

(1) 명칭 : 건식풍냉식
(2) 설명 : 건식변압기의 송풍기로 강제통풍을 행하는 방식

134. 물체가 보인다는 것은 그 물체가 방사하는 광속이 눈에 들어온다는 것이다. 이와 같이 보이는 물체에서 눈의 방향으로 방사되는 단위 면적당의 광속을 무엇이라 하는지 적으시오.

  •

Answer

광속 발산도

135. 다음은 전기설비의 방폭구조에 대한 기호이다. 기호에 맞는 방폭구조의 명칭을 쓰시오.

기호	방폭구조의 명칭
d	
o	
p	
e	
i	
s	

Answer

기호	방폭구조의 명칭
d	내압방폭구조
o	유입방폭구조
p	압력방폭구조
e	안전증가방폭구조
i	본질안전방폭구조
s	특수 방폭구조

136
★☆☆☆☆
주택 등 저압수용장소에서 TN-C-S 접지방식으로 접지공사를 하는 경우 중성선 겸용 보호도체(PEN) 단면적은 몇 [mm²] 이상 시설하여야 하는지 쓰시오.

•

Answer

- 구리 : 10[mm²]
- 알루미늄 : 16[mm²]

137
★★☆☆☆
교류 단상 3선식 배전방식은 교류 단상 2선식 배전방식에 비하여 전압강하와 효율은 어떻게 되는지 쓰시오.

•

Answer

- 전압강하 감소
- 효율 증가

138
★★☆☆☆
철탑에 소호각(Arcing horn)이나 소호환(Arcing ring)을 설치하는 목적을 쓰시오.

•

Answer

섬락 시 애자련을 보호하고 애자련에 걸리는 전압 분포를 균일하게 하기 위한 애자련의 보호 장치

139
★★☆☆☆
송전선로에 매설지선을 설치하는 주된 목적을 쓰시오.

•

Answer

매설지선은 철탑의 탑각 접지저항을 감소시켜 역섬락을 방지한다.

140
★★★★★
가공 송전선로에 사용되는 전선으로서는 어떤 조건들을 구비하는 것이 바람직한지 아는 대로 6가지만 간략하게 쓰시오.

① ②

③
⑤
④
⑥

> Answer

① 도전율이 높을 것
③ 가공성(유연성)이 클 것
⑤ 비중이 작을 것
② 기계적 강도가 클 것
④ 내식성이 있을 것
⑥ 전압강하가 작고 코로나 손실이 작을 것

141 변압기 결선방식 중 △-△결선의 특성을 3가지만 쓰시오.

①
②
③

> Answer

① 제3고조파의 전류가 △결선 내를 순환하므로 인가전압이 정현파이면 유도 전압도 정현파가 된다.
② 1상분이 고장이 나면 나머지 2대로서 V결선 운전이 가능하다.
③ 각 변압기의 상전류가 선전류의 $\frac{1}{\sqrt{3}}$이 되어 저전압 대전류 계통에 적당하다.
④ 중성점을 접지할 수 없으므로 지락사고 검출이 어렵다.
⑤ 정격 용량이 다른 것을 결선하면 순환전류가 흐른다.

142 셀룰라 덕트 공사에 대한 다음 물음에 답하시오.

(1) 셀룰라 덕트의 판 두께는 셀룰라 덕트의 최대 폭이 150[mm] 이하일 때 몇 [mm] 이상이어야 하는가?
(2) 절연전선을 동일한 셀룰라 덕트 내에 넣을 경우 셀룰라 덕트의 크기는 전선의 피복 절연물을 포함한 단면적의 총 합계가 셀룰라 덕트 단면적의 몇 [%] 이하가 되도록 선정하여야 하는가?

> Answer

(1) 1.2
(2) 20

143 전기공사 일반관리비의 계산 방법이다. 다른 공사원가에 따른 일반관리비 비율은 각각 얼마인지 쓰시오.

(1) 5억 원 미만 :   [%]
(2) 5억 원 ~ 30억 원 미만 :   [%]
(3) 30억 원 이상 :   [%]

> Answer

(1) 6[%]
(2) 5.5[%]
(3) 5[%]

144 전선을 접속할 때의 주의사항을 3가지만 쓰시오.

①

②
③

> **Answer**
> ① 전선의 세기를 20[%] 이상 감소시키지 아니할 것
> ② 전선의 접속 부분은 접속관 기타의 기구를 사용할 것
> ③ 접속 부분의 절연전선에 절연물과 동등 이상의 **절연효력**이 있는 접속기를 사용할 것

145 ★★☆☆☆
1종 금속 몰드(메탈 몰딩) 공사에서 사용하는 부속품 4가지를 쓰시오.

① ② ③ ④

> **Answer**
> ① 조인트 커플링 ② 부싱 ③ 플랫 엘보 ④ 인터널 엘보

146 ★★★☆☆
피뢰기에 대한 다음 각 물음에 답하시오.
(1) 현재 사용되고 있는 교류용 피뢰기의 구조는 무엇과 무엇으로 구성되어 있는가?
  •
(2) 피뢰기의 정격 전압은 어떤 전압을 말하는가?
  •
(3) 피뢰기의 제한 전압은 어떤 전압을 말하는가?
  •

> **Answer**
> (1) 직렬갭과 특성 요소
> (2) 속류를 차단할 수 있는 교류 최고 전압
> (3) 피뢰기 방전 중 피뢰기 단자에 남게 되는 충격전압

147 ★☆☆☆☆
그림은 특고압 가공전선로 일부의 평면도이다. ①, ②, ③, ④, ⑤의 명칭을 정확하게 쓰시오.

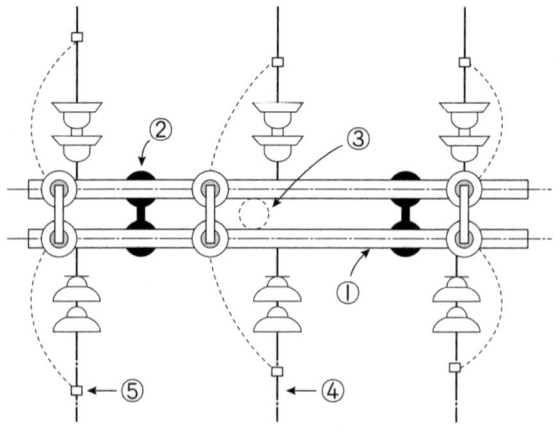

① ② ③

④　　　　　　　　⑤

Answer

① 완금　　② 머신 볼트　　③ 완금밴드
④ 전선　　⑤ 데드 엔드 클램프

148 현장에서 전기 부하설비를 가동 상태에서 부하전류를 측정하려면 어떤 계측기를 사용하는가?

Answer

후크온메타

149 송전계통의 변압기 중성점 접지방식 4가지만 쓰시오.

Answer

비접지방식, 직접접지방식, 저항접지방식, 소호리액터접지 방식

150 변압기의 명판에는 어떠한 요소들이 표시되어 있는지 그 요소를 5가지만 쓰시오.

①　　　　　　②　　　　　　③
④　　　　　　⑤

Answer

① 변압기 명칭　　② 적용 규격　　③ 상수
④ 정격용량　　　⑤ 정격주파수

151 피뢰기 성능상 반드시 필요한 구비 조건 4가지를 쓰시오.

①　　　　　　　　　　②
③　　　　　　　　　　④

Answer

① 충격 방전 개시 전압이 낮을 것　　② 상용주파 방전 개시 전압이 높을 것
③ 제한전압이 낮을 것　　　　　　　④ 속류 차단 능력이 클 것

152 접지도체의 굵기의 산정 기초에서 접지도체의 굵기를 결정하기 위한 계산 조건을 다음 물음에 답하시오.

(1) 접지도체에 흐르는 고장전류의 값은 전원 측 과전류 차단기 정격전류의 몇 배로 하는가?
(2) 과전류 차단기는 정격전류 20배의 전류에서 몇 초 이하에서 끊어지는 것으로 하는가?
(3) 고장전류가 흐르기 전의 접지도체 온도는 몇 도로 하는가?
(4) 고장전류가 흘렀을 때의 접지도체의 허용 온도는 몇 도로 하는가?

> Answer

(1) 20배 (2) 0.1초 (3) 30[℃] (4) 150[℃]

153 ★☆☆☆☆
35[mm²] 전선을 우산형 전선 접속을 하면서 소선 2가닥이 절단되었다. 어떻게 하여야 하는가?

> Answer

인장 강도를 유지하기 위하여 접속하려던 소선을 모두 잘라내고 다시 접속한다.

154 ★★★★★
그림은 옥내 배선용 콘센트 심벌(그림기호)이다. 각 콘센트를 구분하여 명칭을 쓰시오.

① ⊙ T :
② ⊙ H :
③ ⊙ WP :
④ ⊙ EX :

> Answer

① ⊙ T : 걸림형
② ⊙ H : 의료용
③ ⊙ WP : 방수형
④ ⊙ EX : 방폭형

155 ★☆☆☆☆
다음 ( ) 안에 알맞은 내용을 적어라.

(   ) 램프는 전자유도법칙에 의해 외부에서 내부가스를 방전시켜 발광시키는 것으로 주파수가 수 [MHz]보다 높은 주파수 영역에서 교류전계에 의한 전자의 왕복운동과 충돌전리를 이용해 방전시키는 램프이다.

> Answer

무전극

156 ★☆☆☆☆
다음과 같은 케이블의 명칭을 우리말로 적어라.

(1) CNCV-W :
(2) TR CNCV-W :

> Answer

(1) CNCV-W : 동심 중성선 수밀형 전력 케이블
(2) TR CNCV-W : 동심 중성선 트리억제형 전력 케이블

157 ★☆☆☆☆
전선로에서 애자가 갖추어야 할 구비조건 4가지를 쓰시오.

①　　　　　　　　　　　②
③　　　　　　　　　　　④

Answer

① 절연 내력이 클 것 ② 충분한 기계적 강도를 가질 것
③ 절연저항이 클 것 ④ 정전용량이 적을 것

158 ★★★★☆
공사원가 구성에 관하여 아래의 답안에 적당한 비목을 완성하시오.

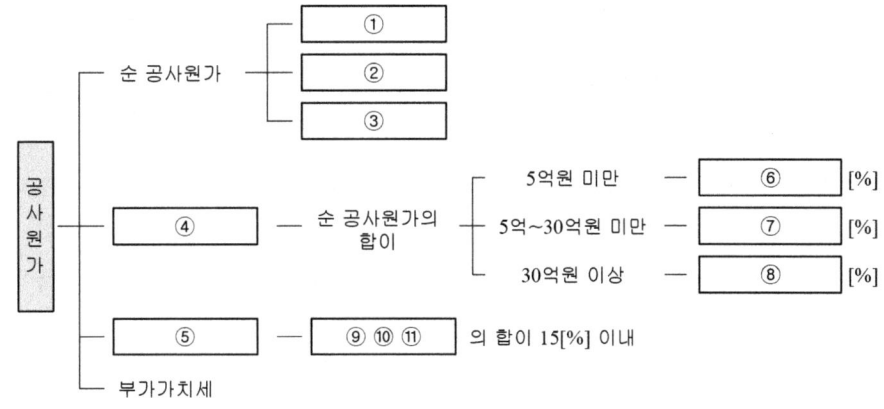

① ② ③ ④
⑤ ⑥ ⑦ ⑧
⑨ ⑩ ⑪

Answer

① 재료비   ② 노무비   ③ 경비   ④ 일반관리비
⑤ 이윤   ⑥ 6   ⑦ 5.5   ⑧ 5
⑨ 노무비   ⑩ 경비   ⑪ 일반관리비

159 ★☆☆☆☆
다음과 같은 사항은 어떤 등의 특징을 나타낸 것이다. 어떤 등인가?

- 연색성이 우수하다.
- 인체에 이상적인 주광색 빛을 발산한다.
- 수은등이나 백열등보다 전력 소모가 적다.
- 수명이 길다.
- 시동 시에는 5~8분이 소요된다.

- 답 :

Answer

메탈헬라이드 램프

160 ★★★★★
특고압 가공 수전선로를 3상 4선식(22.9[kV-Y])으로 공급받는 건물 내 변전소의 인입구에 설치하는 피뢰기의 정격 전압을 적어라.

•

Answer

18[kV]

161 ★☆☆☆☆
교류에서 적용되는 TN 접지계통의 종류에 따른 표시방법 3가지를 적어라.

•

Answer

TN-S 계통, TN-C-S 계통 및 TN-C 계통

162 ★☆☆☆☆
라이팅 덕트 공사에 의한 저압 옥내배선은 다음 각 호에 따라 시설하여야 한다.
(1) 덕트는 (   )를 관통하여 시설하지 아니할 것
(2) 덕트를 사람이 용이하게 접촉할 우려가 있는 장소에 시설하는 경우에는 전원 측에 (   )를 시설할 것
(3) 덕트의 사용전압은 (   ) 이하일 것
(4) 덕트의 지지점 간의 거리는 (   ) 이하로 할 것

Answer

(1) 조영재   (2) 누전 차단기
(3) 400[V]   (4) 2[m]

163 ★★☆☆☆
다음 표준 심벌(symbol)의 명칭을 쓰고 이의 복선도를 표시하시오. 단, 전기방식은 3상 3선식이다.

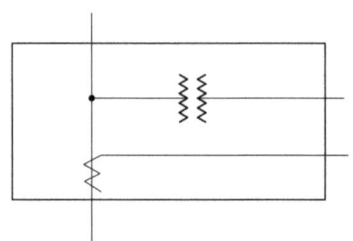

• 명칭 :
• 복선도 :

Answer

명칭 : 전력수급용 계기용 변성기

복선도 :

164
축전지의 용량은 다음의 식에 의해 구할 수 있다. 이 식에서 사용된 문자는 각각 무엇인지 간단히 적으시오.

$$C = \frac{1}{L}KI$$

① C :
② L :
③ K :
④ I :

Answer

① 축전지의 용량[Ah]
② 보수율(경년용량 저하율)
③ 용량환산 시간 계수
④ 방전전류[A]

165
변전소에 설치되는 전력수급용 계기용 변성기의 접지는 어느 곳에 하여야 하는가?

Answer

외함과 2차측 전로

166
버스 덕트(Bus-Duct)의 종류 중 중간에 부하를 접속하지 아니하는 구조의 덕트를 무엇이라 하는가?

Answer

피더 버스 덕트

167
굵은 전선(22[mm^2] 이상) 또는 철선을 절단할 때 사용하는 공구는?

Answer

클리퍼

168 우리나라 배전선로의 주된 배전전압과 배전 방식에 대하여 정확히 쓰시오.

- 배전전압 :
- 배전방식 :

Answer

배전전압 : 22.9[kV]
배전방식 : 3상 4선식(Y결선) 중성선 다중 접지방식

169 전기기계기구의 상시 운전 중에 불꽃, 아크 또는 과열이 발생되면 안 되는 부분에 이들이 발생되는 것을 방지하도록 구조상 또는 온도 상승에 대하여 특히 안전도를 증가시킨 방폭구조를 적으시오.

•

Answer

안전증 방폭구조

170 지중매설 금속체의 방식(防蝕)대책 3가지만 적으시오.

① ② ③

Answer

① 유전양극법 ② 외부전원법 ③ 선택배류법

171 염해를 받을 우려가 있는 장소에서 저압 옥외 전기설비의 내염공사 시 시설원칙에 대하여 서술하여라.

①
②
③
④

Answer

① 바인드선은 철제의 것을 사용하지 말 것
② 계량기함 등은 금속제의 것을 피할 것
③ 철제류는 아연도금 또는 방청도장을 실시할 것
④ 나사못류는 동합금(놋쇠)제의 것 또는 아연도금한 것을 사용할 것

172 다음 빈칸에 들어갈 내용을 적으시오.

> 방전등에서 방전은 크게 아크(arc)방전과 비교적 저기압에서 방전 전류가 적은 경우에 발생하는 (　)방전으로 분류할 수 있다.

Answer

글로우 방전

173
그림 기호는 콘센트 종류를 표시한 것이다. 어떤 종류를 표시한 것인가 답하시오.

(1) ⊙LK　　(2) ⊙T　　(3) ⊙E

(1) :　　(2) :　　(3) :

(4) ⊙EL　　(5) ⊙WP

(4) :　　(5) :

Answer

(1) ⊙LK : 빠짐방지형
(2) ⊙T : 걸림형
(3) ⊙E : 접지극붙이
(4) ⊙EL : 누전차단기붙이
(5) ⊙WP : 방수형

174
배전용 변전소에서 접지공사를 하여야 할 중요 5개소를 쓰시오.

①
②
③
④
⑤

Answer

① 피뢰기
② 옥내 또는 지상에 시설하는 특고압 또는 고압기기 **외함**
③ 주상에 설치하는 3상 4선식 접지계통의 변압기 및 기기 **외함**
④ 송전선과 교차, 접근할 경우에 시설하는 **보호망**
⑤ **철주, 철탑, 강관주**

175
변전실의 위치 선정 조건을 5가지만 적으시오.

①
②
③
④
⑤

Answer

① 부하 중심에 가까울 것
② 인입선의 인입이 쉽고 보수유지 및 점검이 용이한 곳
③ 간선 처리 및 증설이 용이한 곳
④ 기기 반·출입에 지장이 없을 것
⑤ 침수, 기타 재해 발생의 우려가 적은 곳

176 용어의 정의에서 방전등 기구에 대하여 설명하시오.

Answer

기체 또는 증기 중의 방전을 이용하여 발광되는 램프를 광원으로 사용하는 등기구

177 한 개의 전등을 3개소에서 점멸하고자 할 때 소요되는 3로 스위치의 수를 적으시오.

Answer

4개

178 그림은 인류스트랍 설치 방법에 관한 그림이다. 각 번호 ①, ②, ③, ④, ⑤의 명칭을 쓰시오.

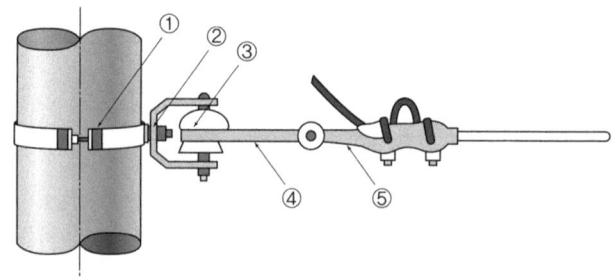

① ② ③
④ ⑤

Answer

① 랙밴드 ② 랙 ③ 저압인류 애자
④ 인류스트랍 ⑤ 데드 엔드 클램프

179 축전지설비에서 축전지는 장기간 사용하거나 사용조건 등이 변경되기 때문에 이 용량 변화를 보상하는 보정값을 무엇이라 하는지 적으시오.

Answer

보수율(경년용량 저하율)

180 ★★☆☆☆

현장에 포설된 CN-CV 케이블이 받는 여러 가지의 외적요인 중 케이블을 열화시키는 요인으로는 전기적 요인, 열적 요인, 화학적 요인, 기계적 요인, 생물학적 요인으로 분류가 된다. 이중 전기적 열화의 종류 3가지만 쓰시오.

①   ②   ③

Answer

① 부분 방전   ② 전기트리   ③ 수트리

181 ★☆☆☆☆

다음 중 ( )에 알맞은 내용을 쓰시오.

> "송배전 선로의 전기적 특성인 전압강하, 수전전력, 송전 손실, 안정도 등을 계산하는 데에는 저항 R, 인덕턴스 L, 정전용량(커패시턴스) C, 누설 컨덕턴스 G라는 4개의 정수를 알아야 한다. 이러한 선로 정수는 ( ), ( ), ( ) 등에 따라 정해지며, 송전전압, 전류 또는 역률 등에 의하여 아무런 영향을 받지 않는다."

Answer

전선의 종류, 굵기, 전선의 배치 상태

182 ★★★★☆

다음에서 설명하는 금속관 부품의 명칭을 쓰시오.

(1) 매입형 스위치를 수용하거나 리셉터클의 아웃렛트를 고정하기 위한 금속함은?
(2) 바닥 밑으로 매입 배선할 때 사용하는 것은?
(3) 배관 공사에서 박스에 금속관을 고정할 때 주로 사용하는 것은?
(4) 돌려서 접속할 수 없는 경우의 가요 전선관과 금속관을 결합하는 곳에 사용하는 것은?
(5) 인입구, 인출구 수직배관의 상부에 사용되어 비의 침입을 막는 데 사용되는 것은?

Answer

(1) 스위치 박스   (2) 플로어 박스   (3) 로크너트
(4) 컴비네이션 유니온 커플링   (5) 앤트렌스 캡

183 ★★★☆☆

장선기(시메라)는 어떤 용도로 쓰이는 공구인가?

•

Answer

이도 조정 및 지선의 장력 조정

184 유도등 설비에 대한 다음 ( ) 안에 알맞은 용어를 쓰시오.

> "건축전기설비나 소방설비에서 유도등 설비는 화재 등 비상시에 사람의 피난을 용이하게 하기 위한 피난구의 표시 또는 방향을 지시하는 조명설비로, 설치 장소에 따라 (　　)유도등, (　　)유도등, (　　)유도등으로 분류된다."

Answer

피난구, 통로, 객석

---

185 배전용 전주를 건주할 때 표준 근입(지하에 묻히는 길이)은 몇 [m] 이상인가? 단, 설계하중이 6.8[kN]이다.

(1) 15[m] 이하 : 　　　　　　　　(2) 16[m] 초과 20[m] 이하 :

Answer

(1) 전장 × $\frac{1}{6}$[m] 이상　　　　(2) 2.8[m] 이상

---

186 가공 배전선로에서 전선을 수평으로 배열하기 위한 크로스 완금의 길이[mm]를 표의 빈칸 "① ~ ②"에 쓰시오.

[완금의 길이]

전선 조수	특고압	고압	저압
2	①	1,400	900
3	②	1,800	1,400

① 　　　　　　　　　　　②

Answer

① 1,800　　② 2,400

---

187 수중조명등에 전기를 공급하기 위해 사용되는 절연변압기의 사용전압을 쓰시오. 단, 미만, 이하 등을 정확하게 표시하시오.

(1) 절연변압기의 1차 측 전로의 사용전압 :
(2) 절연변압기의 2차 측 전로의 사용전압 :

Answer

(1) 400[V] 이하일 것　　(2) 150[V] 이하일 것

188. 가공전선로에 쓰이는 애자의 명칭을 쓰시오.

(1) 애자 한 개로 전선을 지지하게 되므로 전압 계급에 따라서 자기의 크기, 층 수, 절연층의 두께 등이 달라지며, 기계적 강도와 경년열화 등의 이유로 일반적으로 33[kV] 이하의 전선로에만 주로 사용되고 있는 애자는?
(2) 66[kV] 이상의 모든 선로에는 대부분 이 애자를 사용하고 있으며, 클레비스형과 볼소켓형 등이 있는 애자는?
(3) 많은 갓을 가지고 있는 원통형의 긴 애자로 경년열화가 적고 누설 거리가 비교적 길어서 염분에 의한 애자오손이 적고 내무애자로서 적당한 애자는?
(4) 발·변전소나 개폐소의 모선, 단로기 기타의 기기를 지지하거나 연가용 철탑 등에서 점퍼선을 지지하기 위해서 쓰이고 있으며, 라인 포스트 애자가 대표적인 애자는?

Answer
(1) 핀 애자 (2) 현수 애자
(3) 장간 애자 (4) 지지 애자

189. 배전방식 중에 저압 네트워크 방식, T형 인입 방식, 저압 뱅킹 방식 등이 있다. 이들 중 공급 신뢰도가 가장 우수한 계통 구성 방식은?

Answer
저압 네트워크 방식

190. 다음의 옥내배선 그림기호에 대한 명칭을 쓰시오.

(1) ●R (2) ☐S (3) ⊕ (4) ▲ (5) ↗● (6) ☐B

(1) :   (2) :   (3) :   (4) :   (5) :   (6)

Answer
(1) 리모콘 스위치 (2) 개폐기
(3) 셀렉터 스위치 (4) 리모콘 릴레이
(5) 조광기 (6) 배선용 차단기

191. 저압배선용의 고리 퓨즈 또는 플러그퓨즈로서 각각의 설명에 맞는 퓨즈를 쓰시오.

(1) 최소 용단전류가 정격 전류의 130[%]와 160[%] 사이에 있는 퓨즈 :
(2) 최소 용단전류가 정격 전류의 110[%]와 135[%] 사이에 있는 퓨즈 :
(3) 방출형 퓨즈를 포함한 포장 퓨즈 이외의 퓨즈 :

Answer
(1) B종 퓨즈 (2) A종 퓨즈 (3) 비포장 퓨즈

192. 고압 옥내배선 시설 공사법 3가지를 쓰시오.

Answer
① 애자사용공사　② 케이블공사　③ 케이블 트레이공사

193. 건축물 전기설비에서 간선의 굵기를 산정하는 데 고려하여야 할 4가지 요소를 쓰시오.

Answer
① 허용 전류　② 전압강하
③ 기계적 강도　④ 수용률 및 향후 증설부하

194. 수·변전설비용 기기인 차단기의 차단기 트립(trip) 방식 4가지를 쓰시오.

Answer
① 직류 전압 트립 방식　② CT 트립 방식
③ 콘덴서 트립 방식　④ 부족 전압 트립 방식

195. 송전선로에 발생하는 코로나 현상에 대한 영향 5가지와 방지 대책 3가지를 쓰시오.

(1) 영향
(2) 방지

Answer
(1) 영향
① 코로나 손실 발생 및 송전 효율의 저하
② 코로나 잡음
③ 통신선 유도장해
④ 전선의 부식 촉진
⑤ 소호 리액터의 소호 능력 저하

(2) 방지 대책
① 복도체(다도체) 방식을 채택한다.
② 가선금구를 개량한다.
③ 굵은 전선을 사용한다(ACSR, 중공연선 등).

196 엑세스플로어(Movable Floor 또는 OA Floor)란 무엇인지 설명하시오.

Answer

컴퓨터실, 통신기계실, 사무실 등에서 배선, 기타의 용도를 위한 2중 구조의 바닥을 말한다.

197 다음은 저압전로의 절연저항에 관한 표이다. ( )안에 해당하는 알맞은 내용을 적으시오.

전로의 사용전압(V)	DC시험전압(V)	절연저항(MΩ)
SELV 및 PELV	250	(①)
FELV, 500[V] 이하	500	(②)
500[V] 초과	(③)	(④)

【주】특별전압(extra low voltage : 2차 전압이 AC 50[V], DC 120[V] 이하)으로 SELV(비접지회로 구성) 및 PELV(접지회로 구성)은 1차와 2차가 전기적으로 절연된 회로, FELV는 1차와 2차가 전기적으로 절연되지 않은 회로

① ② ③ ④

Answer

① 0.5 ② 1.0 ③ 1,000 ④ 1.0

198 G형 단위 폐쇄 배전반에서 구비해야 할 조건 중 5가지만 쓰시오.

①
②
③
④
⑤

Answer

① 단위 회로마다 장치가 일괄해서 접지 금속함 내에 수납되어 있을 것
② 주회로와 감시 제어반측과를 접지 금속의 격벽에 의하여 격할 것
③ 차단기가 폐로된 상태에서는 단로기를 조작할 수 없도록 인터록을 설치할 것
④ 차단기는 반출할 수 있는 구조일 것
⑤ 차단기는 그 주회로와 제어회로에 자동 연결부가 있는 추출형일 것

199 다음 그림은 전자식 접지저항계를 사용하여 접지극의 접지저항을 측정하기 위한 배치도이다. 물음에 답하시오.

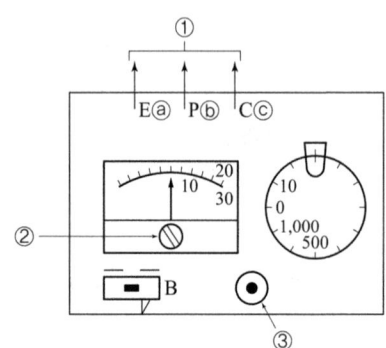
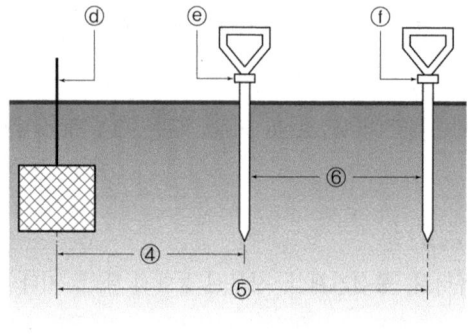

(1) 그림에서 ①의 측정 단자의 각 접지극의 접속은?
(2) 그림에서 ②의 명칭은?
(3) 그림에서 ③의 명칭은?
(4) 그림에서 ④의 거리는 몇 [m] 이상인가?
(5) 그림에서 ⑤의 거리는 몇 [m] 이상인가?
(6) 그림에서 ⑥의 명칭은?

Answer

(1) ⓐ → ⓓ, ⓑ → ⓔ, ⓒ → ⓕ (2) 영점 조정 단자
(3) 누름 버튼 (4) 10[m]
(5) 20[m] (6) 보조 접지극

200 에이징된 전구를 점등하면 시간의 경과와 함께 광속, 전류, 효율, 전력이 약간씩 변화한다. 이런 변화 과정을 곡선으로 나타낸 것을 무엇이라 하는지 쓰시오.

•

Answer

동정곡선

201 도면을 보고 다음 물음에 답하시오.

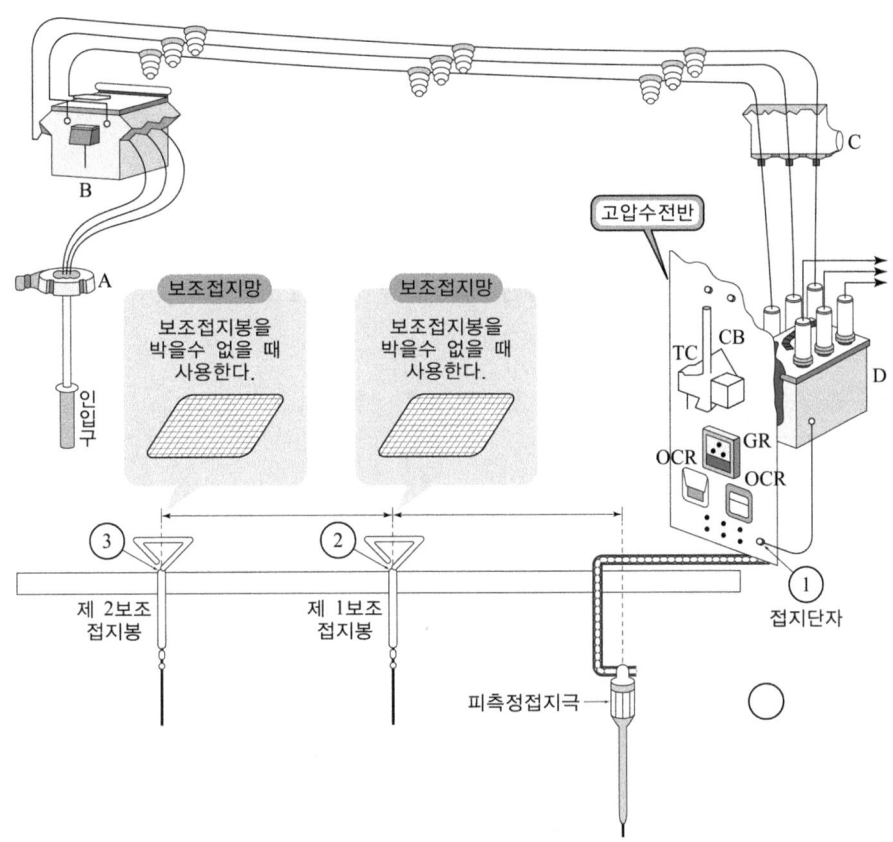

(1) 도면에 표시된 A의 명칭은?
(2) 도면에 표시된 B의 명칭은?
(3) 도면에 표시된 C의 명칭은?
(4) 도면에 표시된 D의 명칭은?

Answer

(1) 영상변류기
(2) 계기용 변성기
(3) 단로기
(4) 차단기

202 항공기가 송전 철탑에 충돌하는 것을 방지하기 위해 항공장애등을 설치하여야 한다. 철탑의 높이가 지표 또는 수면으로부터 몇 [m] 이상일 때부터 철탑에 항공장애등을 설치하여야 하는지 적으시오.

Answer

60[m]

203 ★★★☆☆
과전류에 대한 보호 장치로써 주상변압기의 1차 측과 2차 측에 설치하는 것은?

(1) 1차 측(고압 측) :
(2) 2차 측(저압 측) :

Answer

(1) 1차 측(고압 측) : COS(컷 아웃 스위치)
(2) 2차 측(저압 측) : 캐치 홀더

204 ★★☆☆☆
내선규정에 따라 접지극으로 사용할 수 있는 것을 3가지만 적으시오

•

Answer

동판, 동봉, 철관

205 ★☆☆☆☆
다음은 형광등 심벌이다. 각각에 대한 용도를 쓰시오.

(1)  (2) 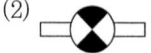 (3)

(4)  (5)

(1)
(2)
(3)
(4)
(5)

Answer

(1) 일반용 조명 형광등에 비상용 조명등으로 백열등을 조립한 등
(2) 유도등(소방법에 따르는 것으로서 형광등을 사용)
(3) 벽붙이 형광등(가로 붙이)
(4) 비상용 조명(건축기준법에 따르는 것으로서 형광등을 사용)으로 계단에 설치하는 통로 유도등과 겸용인 등
(5) 비상용 소명(건축기준법에 따르는 것으로서 형광등을 사용)

206 ★☆☆☆☆
다음 설명에 맞는 보호 계전기는?

(1) 병행 2회선 송전선로에서 한 쪽의 1회선에 지락 고장이 일어났을 경우 이것을 검출해서 고장 회선 만을 선택 차단할 수 있게끔 선택 단락 계전기의 동작 전류를 특별히 작게 한 계전기는?

•

(2) 보호 구간에 유입하는 전류와 유출하는 전류의 벡터 차와 출입하는 전류의 관계비로 동작하는 것 으로 발전기 또는 변압기의 내부고장 보호에 사용한다.

•

Answer

(1) 선택 지락 계전기
(2) 비율 차동계전기

207
그림과 같이 전위강하법에서 접지전극 E와 전위전극 P와의 간격이 EC 간 거리 X의 몇 [%]일 때 정확한 값을 얻을 수 있겠는가?

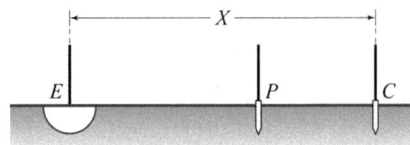

•

Answer

61.8[%]

208
다음 배선설비에 대한 물음에 답하시오.

(1) 셀룰라 덕트 공사의 사용전압은 (   ) 이하이어야 한다.
(2) 절연전선을 동일 셀룰라 덕트 내에 넣을 경우 셀룰라 덕트의 크기는 전선의 피복절연물을 포함한 단면적의 총 합계가 셀룰라 덕트 단면적의 (   ) 이하가 되도록 선정하여야 한다.
(3) 금속 덕트는 (   ) 이하의 간격으로 견고하게 지지할 것
(4) 금속관을 구부릴 때 금속관의 단면이 심하게 변형되지 않도록 구부려야 하며, 그 안측의 반지름은 관 안지름의 (   ) 이상이 되어야 한다.

Answer

(1) 400[V]   (2) 20[%]
(3) 3[m]   (4) 6배

209
배전선로 공사 중 규모가 비교적 큰 공사를 추진할 때는 공사 시공품질 향상을 위한 제반사항을 반영하여 시공계획을 수립하여야 한다. 시공계획서 작성 시 현장조건의 검토 사항 중 선로 경과지 주변 또는 관련되는 공사에 대해서는 어떤 사항을 조사하여야 하는지 5가지를 쓰시오.

①
②
③
④
⑤

Answer

① 현장의 지형 및 토양 상태
② 농지, 농원, 공원, 문화재, 천연기념물 지정 구역
③ 설비의 활용성 및 안정성 확보, 재해 요인의 잠재 여부

④ 인가 밀집지역이나 향후 지역발전 여건 등을 감안한 **경과지 타당성 여부**
⑤ 시공 후 책임 소재 등 이해관계가 야기될 수 있는 문제점 조사

210
★☆☆☆☆
케이블 트로프(trough)를 사용하여 지하에 전선을 포설하는 경우 차량 및 중량물의 압력을 받는 장소에서의 매설 깊이는 몇 [m] 이상이어야 하는지 쓰시오.

•

Answer
1[m]

211
★★★★☆
단상 변압기 병렬 운전 조건 중 3가지를 기술하고, 이들 조건이 맞지 않은 경우에 어떤 현상이 나타나는지 1가지만 쓰시오.

(1) 병렬 운전 조건
 ①
 ②
 ③
(2) 병렬 운전 조건 별 현상
 ①
 ②
 ③

Answer

병렬 운전 조건	조건이 맞지 않는 경우
① 정격 전압(권수비)이 같은 것	순환전류가 흘러 권선이 가열
② 극성이 일치할 것	큰 순환전류가 흘러 권선이 소손
③ %강하(임피던스 전압)가 같을 것	부하의 분담이 용량의 비가 되지 않아 부하의 부담이 균형을 이룰 수 없다.
④ 내부 저항과 누설 리액턴스의 비가 같을 것	각 변압기의 전류 간에 위상차가 생겨 동손이 증가

212
★☆☆☆☆
그림은 1련 내장애자 장치(역조형)이다. 그림 ① ~ ⑤의 명칭을 쓰시오.

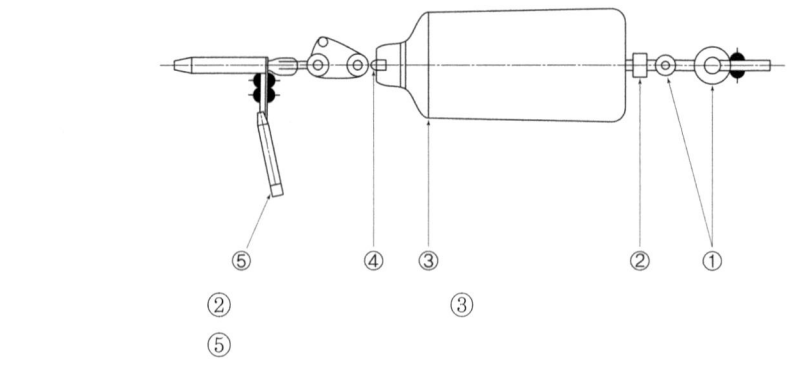

①   ②   ③
④   ⑤

Answer

① 앵커 쇄클 ② 소켓 아이 ③ 현수 애자 ④ 볼 크레비스 ⑤ 점퍼 터미널

213 다음과 같이 관로에 케이블을 포설할 경우 인입 방법을 쓰시오.

(1) 지표에 고저차가 있는 경우
  •

(2) 굴곡이 있는 경우
  •

(3) 짧은 맨홀과 긴 맨홀이 있는 경우
  •

Answer

(1) 높은 쪽에서 낮은 쪽으로 인입한다.
(2) 굴곡이 있는 곳의 가까운 곳에서부터 인입한다.
(3) 짧은 맨홀 쪽에서 긴 맨홀 쪽으로 인입한다.

214 교류 송전 방식에 대한 직류 송전 방식의 장점 5가지를 쓰시오.

①
②
③
④
⑤

Answer

① 선로의 리액턴스가 없으므로 안정도가 높다.
② 교류 방식에 비해 절연 레벨이 낮다.
③ 비동기 연계가 가능하다.
④ 충전전류와 유전체손을 고려하지 않아도 된다.
⑤ 표피효과에 의한 손실이 없다.

215 사람이 접촉될 우려가 있는 장소란 저압인 경우에 옥내는 바닥에서 (①)[m] 이상 (②)[m] 이하의 장소를 말한다.

①   ②

Answer

① 1.8   ② 2.3

216 수전설비에서 저압회로의 단락보호 장치의 종류를 3가지 쓰시오.

①   ②   ③

Answer

① 기중 차단기　　② 배선용 차단기　　③ 한류 퓨즈

217 ★☆☆☆☆
조명설비에서 전력을 절약하는 효율적인 방법에 대하여 5가지만 기재하시오.

①
②
③
④
⑤

Answer

① 고효율 등기구 채용　　② 고조도 저휘도 반사갓 채용
③ 적절한 조광제어 실시　　④ 고역률 등기구 채용
⑤ 등기구의 적절한 보수 및 유지 관리

218 ★☆☆☆☆
다음은 건물의 지상층 층수별 할증이다. 각각 몇 [%]를 적용하는지 쓰시오.

(1) 2층 ~ 5층 :
(2) 10층 이하 :
(3) 20층 이하 :
(4) 30층 이하 :
(5) 32층 이하 :

Answer

(1) 1[%]　(2) 3[%]　(3) 5[%]　(4) 7[%]　(5) 8[%]

219 ★★☆☆☆
다음 설명을 잘 이해한 후 어떤 결선 방식인가 답하고 결선도를 그리시오.

- 2차 권선의 전압이 선간전압의 $\frac{1}{\sqrt{3}}$ 이고 승압용에 적당하다.
- 즉, $\triangle - \triangle$ 결선과 Y-Y 결선의 장점을 갖고 있다.
- 30° 위상변위가 있어서 한 대가 고장이 나면 전원 공급이 불가능한 결선이다.

- 결선 방식 :
- 결선도 :

Answer

△-Y 결선

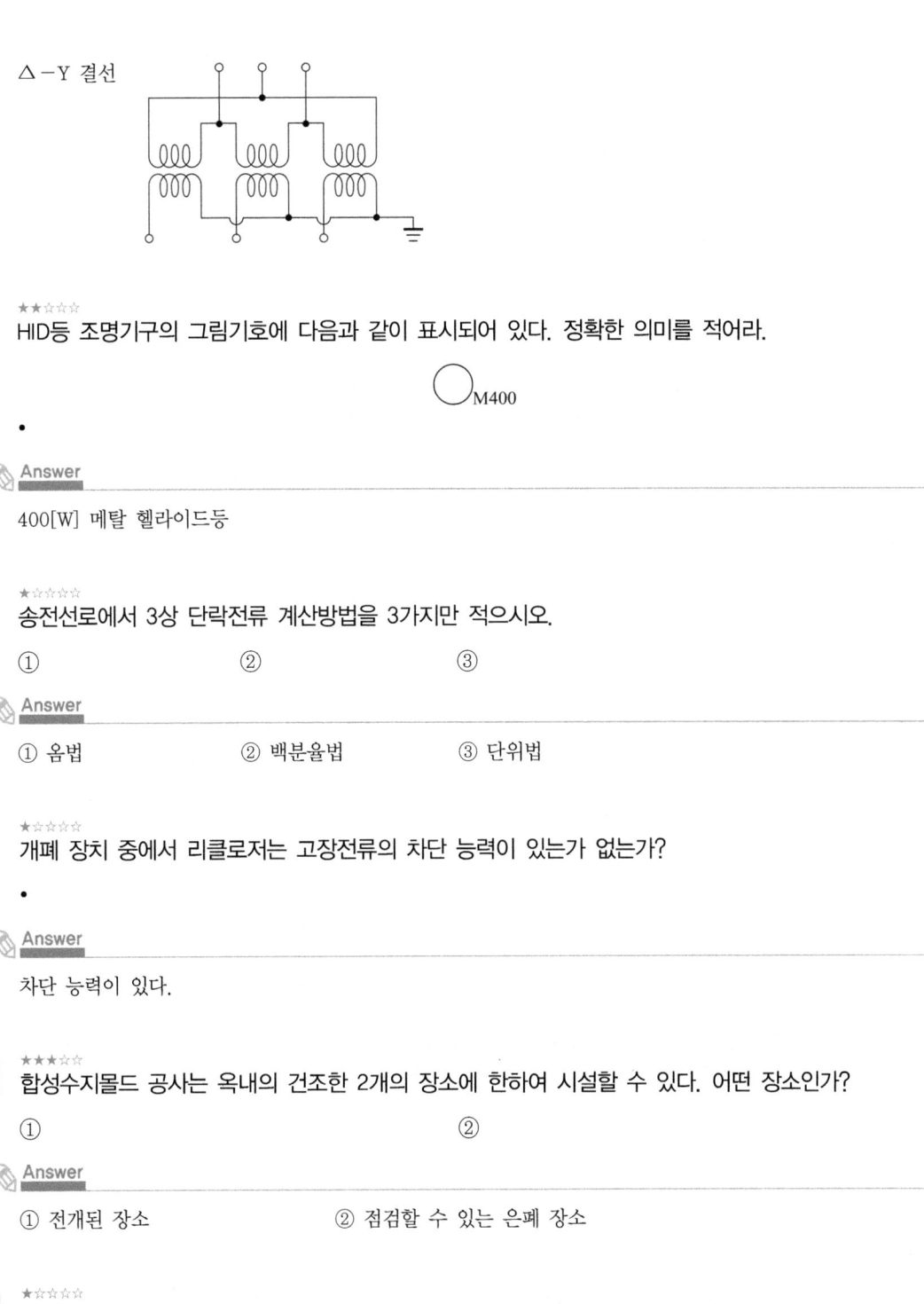

220 HID등 조명기구의 그림기호에 다음과 같이 표시되어 있다. 정확한 의미를 적어라.

○M400

-

Answer

400[W] 메탈 헬라이드등

221 송전선로에서 3상 단락전류 계산방법을 3가지만 적으시오.

①   ②   ③

Answer

① 옴법   ② 백분율법   ③ 단위법

222 개폐 장치 중에서 리클로저는 고장전류의 차단 능력이 있는가 없는가?

-

Answer

차단 능력이 있다.

223 합성수지몰드 공사는 옥내의 건조한 2개의 장소에 한하여 시설할 수 있다. 어떤 장소인가?

①   ②

Answer

① 전개된 장소   ② 점검할 수 있는 은폐 장소

224 태양전지의 모듈이란?

-

Answer

태양전지의 최소 단위를 셀(cell)이라고 하는데, 이 셀을 다수 개 조합한 것을 모듈이라고 한다.

225
저압전로의 지락보호 방식의 종류 4가지를 쓰시오.

① ②
③ ④

Answer

① 접지보호 방식
② 지락 과전류보호 방식
③ 누전검출 방식
④ 누전경보 방식

226
다음은 송전선로의 코로나 손실을 나타내는 Peek 식이다. (1)~(3)의 의미를 쓰시오.

$$\text{Peek식} \quad P = \frac{241}{\delta}(f+25)\sqrt{\frac{d}{2D}}(E-E_0)^2 \times 10^{-5} \,[\text{kW/km/선}]$$

(1) δ :   (2) E :   (3) E_o :

Answer

(1) 상대공기밀도
(2) 전선의 대지전압
(3) 코로나 임계 전압

227
연(납)축전지와 알칼리 축전지의 공칭 전압은 몇 [V]인지 쓰시오.

• 연(납)축전지 :   • 알칼리 축전지 :

Answer

• 연(납)축전지 : 2.0[V]
• 알칼리 축전지 : 1.2[V]

228
발전소에서 가공전선의 인입구 및 인출구에 설비하는 기기로서 전로로부터의 이상 전압이 발전소 내로 내습하는 것을 방지하기 위해 설치하는 것은 무엇인지 쓰시오.

•

Answer

피뢰기

229
금속제 케이블 트레이의 종류 4가지를 적으시오.

① ②
③ ④

Answer

① 펀칭형   ② 사다리형   ③ 바닥밀폐형   ④ 메시형

230 설계 하중이 8.82[kN]인 철근 콘크리트주의 길이가 16[m]라 한다. 이 지지물을 지반이 연약한 곳 이외에 시설하는 경우 땅에 묻히는 깊이는 최소 몇 [m] 이상으로 하여야 하는지 쓰시오.

Answer

2.8[m] 이상

231 접지 계통의 종류를 3가지 적으시오.

Answer

TN 계통, TT 계통, IT 계통

232 그림기호는 배관의 심벌이다. 어떤 전선관인 경우인가?

(1) ———//———
   2.5□(VE16)

(2) ———//———
   2.5□(PF16)

(1) :   (2) :

Answer

(1) 경질비닐전선관   (2) 합성수지제 가요관

233 그림은 자동 화재검지설비의 감지기에 관한 기호이다. 감지기의 명칭을 쓰시오.

(1) ⬚S   (2) ⌒   (3) ⌒   (4) ⌒

(1) :   (2) :   (3) :   (4) :

Answer

(1) 연기 감지기   (2) 정온식 스포트형 감지기
(3) 차동식 스포트형 감지기   (4) 보상식 스포트형 감지기

234 아래 심벌은 무엇을 뜻하는가?

(1) ●B   (2) ●P   (3) ●F   (4) ●LF   (5) ⬚TS

(1) :   (2) :   (3) :   (4) :   (5) :

Answer

(1) 전자개폐기용 누름버튼   (2) 압력 스위치
(3) 플로트 스위치   (4) 플로트리스 전극 스위치
(5) 타임 스위치

235 발광 다이오드(LED)는 어떠한 발광원리를 이용한 것인지 적으시오.

•

> Answer

LED는 양(+)의 전기적 성질을 가진 p형 반도체와 음(-)의 전기적 성질을 지닌 n형 반도체의 **이종접합 구조**를 가지는데, 순방향으로 전압을 가하면 n층의 전자가 p층으로 이동해 정공과 결합하면서 에너지를 빛의 형태로 발산하게 된다.

236 예비전원으로 이용되는 축전지에 대한 물음에 답하시오.

(1) 축전지 설비를 설치할 경우 설비구성을 4가지만 적으시오.
 ①
 ②
 ③
 ④

(2) 연축전지의 공칭전압[V/cell]을 적으시오.
 •

> Answer

(1) ① 축전지
   ② 보안 장치
   ③ 제어 장치
   ④ 충전 장치
(2) 2[V/cell]

237 전로의 선간이 임피던스가 적은 상태로 접촉되었을 경우에 그 부분을 통하여 흐르는 큰 전류를 무슨 전류라고 하는가?

> Answer

단락전류

238 다음의 설명에 맞는 배전자재의 명칭을 쓰시오.

(1) 주상변압기를 전주에 설치하기 위해 사용하는 밴드
(2) 전주에 암타이 또는 랙크를 설치하기 위한 것으로 1방, 2방, 소형 1방, 소형 2방이 사용되는 밴드
(3) 저압선로 ACSR 사용 시 접지 측 중성선 인류개소에 랙크와 클램프 연결 시 사용하는 금구

> Answer

(1) 행거밴드
(2) 암타이 및 랙밴드
(3) 인류스트랍

239. 다음 심벌에 대한 명칭을 쓰시오.

(1) S　　(2) B　　(3) E　　(4) TS　　(5) CT

(1) :　　(2) :　　(3) :　　(4) :　　(5) :

Answer

(1) 개폐기　　(2) 배선용 차단기　　(3) 누전 차단기
(4) 타임 스위치　　(5) 변류기

240. MOF의 명칭을 쓰고 누산 시간이란 무엇인지 쓰시오.

(1) 명칭 :
(2) 누산시간 :

Answer

(1) 명칭 : 전력수급용 계기용 변성기
(2) 누산 시간 : 일정 시간 동안의 평균 전력의 최대치를 기준하여 최대 수요전력을 결정하는 데 사용되는 시간으로, 현재 15분을 기준으로 하고 있다.

241. 자가용전기설비의 검사업무 처리 규정에 의한 사용 전 검사 항목 5가지만 쓰시오.

① ② ③ ④ ⑤

Answer

① 외관 검사
② 접지저항 측정 검사
③ 절연저항 측정 검사
④ 절연내력 시험 검사
⑤ 절연유 시험 및 측정

242. 배전 계통에서의 역률 개선 효과 5가지를 쓰시오.

① ② ③ ④ ⑤

Answer

① 변압기와 배전선의 전력 손실 경감
② 전압강하의 감소
③ 설비용량의 여유 증가
④ 전기 요금의 감소
⑤ 전선의 굵기가 감소

243 역률 개선용 콘덴서와 직렬로 연결하여 사용하는 직렬 리액터의 사용 목적 4가지를 쓰시오.

①
②
③
④

> Answer

① 제5고조파에 의한 전압 파형의 찌그러짐 방지
② 콘덴서 투입 시 돌입전류 방지
③ 개폐 시 계통의 **과전압 억제**
④ 고조파 전류에 의한 계전기 오동작 방지

244 UPS(uninterruptible power supply)의 사용 목적은?

•

> Answer

상시 전원의 정전 또는 이상 상태가 발생하여도 부하에 안정된 전력을 공급하기 위하여

245 22.9[kV] 선로의 저압 인입 장주도에서 사용되는 인류스트랍이란 어떤 용도인지 간단히 쓰시오.

•

> Answer

가공 배전선로 및 인입선에서 **인류 애자와 데드 엔드 클램프를 연결하기 위한 금구**

246 수변전 설비에서 사용하는 특고압 차단기 종류 5가지를 쓰시오.

① ② ③
④ ⑤

> Answer

① 진공 차단기 ② 유입 차단기 ③ 가스 차단기
④ 공기 차단기 ⑤ 자기 차단기

247 지하층을 포함한 층수가 몇 층 이상인 특정 소방대상물의 경우 비상 콘센트설비를 설치하여야 하는지 쓰시오.

•

> Answer

11층 이상의 층

248
주상변압기 설치가 완료되면 실시하는 측정 및 시험의 종류 3가지를 쓰시오.

① ② ③

Answer

① 절연저항 측정 ② 여자시험 ③ 전압비 시험

249
표준 품셈에서 옥외전선 및 옥내전선의 할증률은 각각 몇 [%]인지 쓰시오.

(1) 옥내전선의 할증률 :
(2) 옥외전선의 할증률 :

Answer

(1) 옥내전선의 할증률 : 10[%]
(2) 옥외전선의 할증률 : 5[%]

250
합성수지관 접속에 관한 내용이다. ( ) 안에 알맞은 수치를 기입하시오.

"합성수지관 상호 및 관과 박스는 접속 시에 삽입하는 깊이를 바깥지름의 (①)배 이상으로 접속하여야 하며, 접착제를 사용하는 경우에는 (②)배 이상으로 삽입하여 접속하여야 한다."

① ②

Answer

① 1.2배 ② 0.8배

251
가공 전선로에 사용되는 전선의 구비조건 5가지를 쓰시오.

① ②
③ ④
⑤

Answer

① 도전율이 클 것 ② 기계적 강도가 클 것
③ 비중(밀도)이 작을 것 ④ 가선공사(접속)가 쉬울 것
⑤ 부식성이 작을 것

252
그림과 같은 철탑 기초의 굴착량을 산출하려고 한다. 철탑의 굴착량 식은?

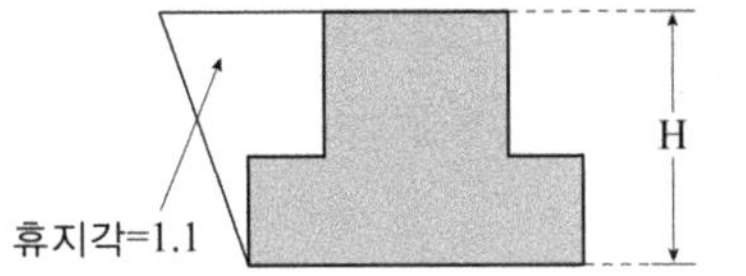

휴지각=1.1
H

Answer

터파기량=가로×세로×H×1.21

253 ★★★☆☆
축전지의 용량 산출에 필요한 조건 6가지를 쓰시오.

① ②
③ ④
⑤ ⑥

Answer

① 부하의 크기와 성질 ② 예상 정전 시간
③ 순시 최대 방전전류의 세기 ④ 제어 케이블에 의한 전압강하
⑤ 경년에 의한 용량의 감소 ⑥ 온도 변화에 의한 용량 보정

254 ★☆☆☆☆
①~②의 알맞은 내용을 답란에 적어라.

> 저압회로에서 기계적(수동)으로 전원을 개폐하며 과전류를 차단하는 기기는 (①)이며, 전자적(자동)으로 부하를 개폐하는 것은 (②)이다.

① ②

Answer

① 배선용 차단기 ② 전자 접촉기

255 ★☆☆☆☆
다음에 해당하는 옥내배선의 그림기호를 그리시오.

(1) 천장은폐 배선 :

(2) 바닥은폐 배선 :

(3) 노출 배선 :

Answer

(1) ─────────
(2) ─ ─ ─ ─ ─
(3) ·············

256 ★★☆☆☆
자동 화재탐지설비의 감지기는 부착 높이에 따라 설치하여야 하는 감지기의 종류를 규정하고 있다. 일반적으로 감지기의 부착 높이가 8[m] 이상 15[m] 미만인 경우 어떤 종류의 감지기를 부착하여야 하는지 감지기의 종류 7가지를 쓰시오.

① ②
③ ④
⑤ ⑥

⑦

> **Answer**

① 차동식 분포형 감지기 ② 이온화식 감지기
③ 불꽃감지기 ④ 연기복합형
⑤ 광전식 스포트형 ⑥ 광전식 분리형
⑦ 광전식 공기흡입형

257 ★★★☆☆
금속관 배선공사 시 필요한 부속품 종류 10가지를 쓰시오.

① ②
③ ④
⑤ ⑥
⑦ ⑧
⑨ ⑩

> **Answer**

① 로크너트 ② 부싱 ③ 엔트런스 캡
④ 터미널 캡 또는 서비스 캡 ⑤ 스위치박스 ⑥ 유니온 커플링
⑦ 접지 클램프 ⑧ 노멀 밴드 ⑨ 유니버셜 엘보
⑩ 새들

258 ★☆☆☆☆
가공 전선공사에서 강심알루미늄(ACSR)의 용도는? 단 규격은 32, 58, 95, 160[mm^2] 등이다.

•

> **Answer**

• 큰 인장하중을 필요로 하는 가공전선 및 특고압 중성선에 사용
• 코로나 방지가 필요한 초고압 송·배전선에 사용

259 ★☆☆☆☆
금속전선관과 아웃레트 박스와의 접속은 무엇으로 몇 개 사용하는가?

•

> **Answer**

로크너트 2개

260 ★☆☆☆☆
다음 각 물음에 답하시오.

(1) 행거 밴드의 용도는?
(2) 배전선로에 보통 사용되는 피뢰기는?
(3) 고압 및 특고압 케이블의 단말 처리재의 명칭은?
(4) 고장전류 특히 단락전류의 값을 제한하기 위하여 변전소에 설치하는 것은?
(5) 케이블선의 절연저항을 측정하는 계측기의 명칭은?

> **Answer**
>
> (1) 주상 변압기를 전주에 설치하기 위해 사용   (2) 갭레스형 피뢰기
> (3) 케이블헤드   (4) 한류 리액터
> (5) 메거(megger)

261 ★☆☆☆☆
플렉시블 피팅을 사용한 전동기의 배선 예이다. 그림에서 A로 표시된 것의 명칭은?

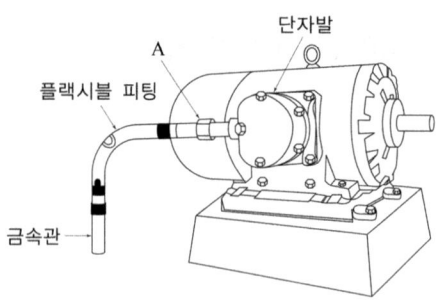

-

> **Answer**
>
> 유니온 커플링

262 ★★☆☆☆
배선설계에 있어 부하의 상정에 관한 사항이다. 다음 건축물의 종류에 따른 표준 부하를 표의 빈칸에 쓰시오.

건축물의 종류	표준 부하[VA/m^2]
공장, 공회당, 사원, 교회, 극장, 영화관, 연회장 등	(①)
기숙사, 여관, 호텔, 병원, 학교, 음식점, 다방, 대중목욕탕	(②)
사무실, 은행, 상점, 이발소, 미장원	(③)
주택, 아파트	(④)

> **Answer**
>
> ① 10   ② 20   ③ 30   ④ 40

263 ★★☆☆☆
그림과 같이 시설하는 지선의 명칭을 (   ) 안에 쓰시오.

(1) 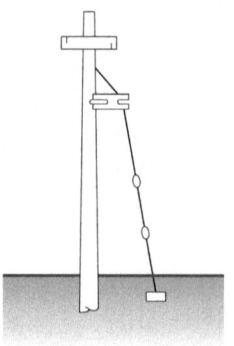   (2)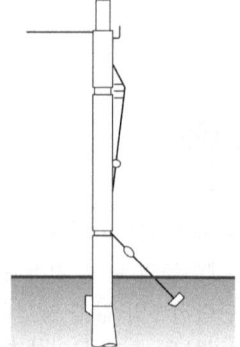

(1) :　　　　　　　　　　　　　(2) :

Answer

(1) A형 궁지선　　　　　　　　(2) R형 궁지선

264 옥내배선 아웃렛 박스 등의 접속함 내의 가는 전선의 접속 방법을 쓰시오.

Answer

쥐꼬리 접속법

265 조명 설계에 필요한 좋은 조명의 요건 5가지를 쓰시오.

①　　　　　　　　　　　　　②
③　　　　　　　　　　　　　④
⑤

Answer

① 광속발산도 분포 균일　　　② 광색이 좋고 방사열이 적을 것
③ 눈부심을 제거　　　　　　④ 심리적 안정을 줄 것
⑤ 경제적일 것

266 활선 클램프란 무엇인지 간단히 설명하시오.

Answer

가공배전선로의 장력이 걸리지 않는 장소에서 분기고리와 기기 리드선을 결선하는데 사용한다.

267 어떤 심벌의 명칭인지 정확하게 답하시오.

(1)　　　　(2)　　　　(3)　　　　(4)

(1) :　　　(2) :　　　(3) :　　　(4) :

Answer

(1) 분전반　　　(2) 배전반
(3) 제어반　　　(4) 벽붙이 콘센트

268 전선의 소요량 계산에서 전선 가선 시 선로의 고저가 심할 때 산출하는 식을 쓰시오.

Answer

선로 긍장 × 전선 조수 × 1.03

269 다음은 전선에 대한 약호이다. 정확한 명칭을 우리말로 쓰시오.
- ACSR :
- VCT :
- MI :

Answer
- ACSR : 강심 알루미늄 연선
- VCT : 0.6/1 [kV] 비닐 절연 비닐캡타이어 케이블
- MI : 미네랄 인슈레이션 케이블

270 다음 용어에 대하여 설명하시오.
(1) 한류 퓨즈 :

(2) 풀 박스 :

Answer
(1) 단락전류를 신속히 차단하며 또한 흐르는 단락전류의 값을 제한하는 성질을 가지는 퓨즈로서 이 성질에 관하여 일정한 규격에 적합한 것을 말한다.
(2) 전선의 통과를 쉽게 하기 위하여 배관의 도중에 설치하는 박스를 말하며, 대형인 것은 특별히 제작되나 소형인 것은 보통의 아웃렛 박스를 대용하기도 한다.

271 송전계통의 중성점 접지방식에서 유효접지(effective grounding)를 설명하고, 유효접지의 가장 대표적인 접지방식을 한 가지만 쓰시오.
(1) 설명 :

(2) 접지방식 :

Answer
(1) 설명 : 지락 사고 시의 건전상의 전위 상승이 정상 시 상(Y)전압의 1.3배를 넘지 않도록 접지임피던스를 조정하는 방식
(2) 접지방식 : 직접 접지 방식

272 누전 경보기의 변류기를 시험하려고 한다. 어떤 종류의 시험을 하여야 하는지 그 종류를 6가지만 쓰시오.
① ②
③ ④
⑤ ⑥

Answer

① 절연저항 시험 ② 절연내력 시험
③ 충격파내전압 시험 ④ 단락전류 시험
⑤ 노화 시험 ⑥ 온도특성 시험

273
변압기의 기름이 공기와 접촉되면 열화하여 불용성 침전물이 생긴다. 이것을 방지하기 위한 장치를 쓰시오.

•

Answer

콘서베이터

274
다음은 소화활동설비 중 비상 콘센트설비에 관한 절연저항 및 절연내력의 기준에 관한 사항이다. ( ) 안에 알맞은 내용을 쓰시오.

- 절연저항은 전원부와 외함 사이를 (①)[V]의 절연저항계로 측정할 때 (②)[MΩ] 이상일 것
- 절연내력은 전원부와 외함 사이에 정격 전압이 150[V] 이하인 경우에는 (③)[V]의 실효전압을, 정격 전압이 150[V] 이상인 경우에는 그 정격 전압에 (④)를 곱하여 (⑤)을 더한 실효전압을 가하는 시험에서 (⑥)분 이상 견디는 것으로 할 것

① ② ③
④ ⑤ ⑥

Answer

① 500 ② 20 ③ 1,000 ④ 2 ⑤ 1,000 ⑥ 1

275
단도체와 비교하여 복도체가 가지는 특징 3가지만 쓰시오.

①
②
③

Answer

① 복도체(다도체)는 코로나 임계 전압을 상승시켜 **코로나 방지**에 효과가 있다.
② 복도체(다도체)는 인덕턴스는 감소하고 정전 용량은 증가하므로 송전 용량의 증대되고 안정도 증가한다.
③ 복도체(다도체)는 같은 단면적의 단도체에 비해 **전류 용량이 증대**된다.

276
아래 용어 설명에 대한 명칭을 쓰시오.

> 전로에 접속된 변압기 또는 콘덴서의 결선상 단위를 말한다.

•

Answer

뱅크

277
★☆☆☆☆
배전반, 분전반 등의 배관을 변경하거나 이미 설치되어 있는 캐비닛에 구멍을 뚫을 때 필요한 공구의 명칭을 적으시오.

•

Answer

호올 소우

278
★★☆☆☆
대형방전 램프(HID) 종류 5가지를 적으시오.

①   ②
③   ④
⑤

Answer

① 고압 나트륨등   ② 메탈 헬라이드등   ③ 고압 수은등
④ 초고압 수은등   ⑤ 크세논등

279
★☆☆☆☆
다음의 심벌 명칭은 무엇인지 적으시오.

$$\boxed{\text{RM}}$$

•

Answer

원격조작기

280
★★☆☆☆
각각의 약호의 의미를 정확히 적으시오.

(1) OCB :   (2) MBB :
(3) ACB :   (4) GCB :
(5) ABB :   (6) MCCB :
(7) VCB :   (8) ELB :
(9) BCT :   (10) ZCT :

Answer

(1) OCB : 유입 차단기   (2) MBB : 자기 차단기
(3) ACB : 기중 차단기   (4) GCB : 가스 차단기
(5) ABB : 공기 차단기   (6) MCCB : 배선용 차단기
(7) VCB : 진공 차단기   (8) ELB : 누전 차단기
(9) BCT : 부싱형 변류기   (10) ZCT : 영상 변류기

281 PBD 그림기호의 명칭은?

Answer

플러그인 버스 덕트

282 (T)F 그림기호의 명칭은?

Answer

형광등용 안정기

283 단선 결선도의 흐름도이다. 흐름도를 보고 고압 수전반에 해당하는 계량장치 종류를 (   ) 안에 5가지만 쓰시오.

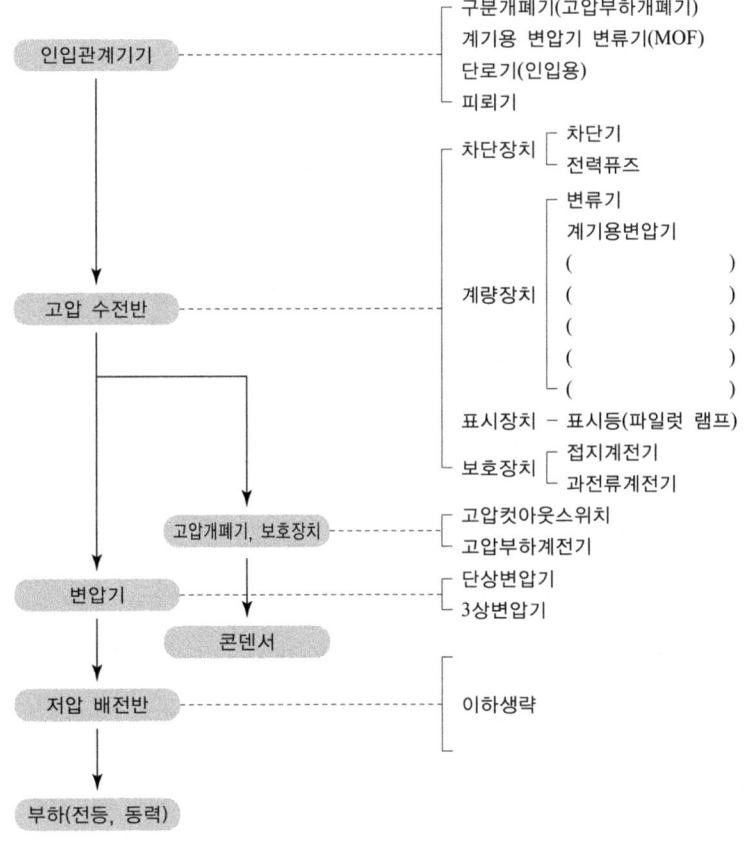

Answer

영상 변류기, 전력계, 역률계, 전압계, 전류계

284. UPS 설비 블록 다이어그램 중 물음에 답하시오.

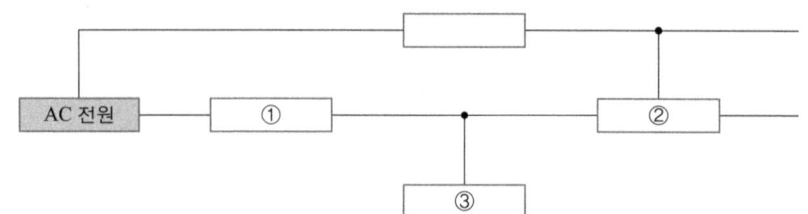

(1) ①, ②, ③ 안에 들어갈 기구는 무엇인가?
　　①　　　　　②　　　　　③
(2) ①, ②에 대한 역할을 쓰시오.
　　①　　　　　②

Answer

(1) ① 컨버터　② 인버터　③ 축전지
(2) ① 교류를 직류로 변환
　　② 직류를 상용 주파수의 교류로 변환

285. 자동 탐재설비에서 종단저항을 설치하는 주 목적은?

Answer

감지기 회로의 도통 시험을 용이하게 하기 위해

286. 지중배전선로 시공 방법 중 관로식에서 사용하는 맨홀의 종류 5가지를 쓰시오.

Answer

직선형, 직각형, 각도형, 짧은 다리 T형, 긴다리형

287. 다음은 네온 방전등을 옥내에 시설하는 경우이다. 물음에 답하시오.

(1) 관등회로의 배선은 어떤 공사로 하는가?

(2) 관등회로의 배선에서 전선 지지점 간의 거리는 몇 [m] 이하인가?

(3) 네온변압기는 어떤 관리법의 적용을 받는가?

Answer

(1) 애자공사
(2) 1[m] 이하
(3) 전기용품 및 생활용품 안전관리법

288
배선용 차단기의 차단협조방식 3가지를 쓰시오.

① ②
③

Answer

① 선택차단방식
② 케스케이드 차단방식
③ 전용량(전 정격) 차단방식

289
다음 물음에 답하시오.

(1) 저압 전동기를 Star-Delta 기동기(Y-△ 기동)일 경우 기동전류는 전전압 기동의 몇 배가 흐르는가?

(2) Still의 식은 송전선로에서 무엇을 구하기 위한 실험인가?

(3) Y-Y 결선의 변압기와 Y-△ 결선의 변압기는 병렬 운전할 수 없다. 그 이유를 설명하시오.

(4) 최대 사용전압이 6,900[V]일 때 절연내력 시험을 직류전압으로 하는 경우의 사용전압[V]은?

(5) 시험용 변압기에 의한 절연내력 시험에서 시험전압을 연속해서 인가하는 시간[분]은?

Answer

(1) 1/3배
(2) 경제적인 송전전압 결정
(3) 각 변위가 다르며, 2차 단자전압이 서로 다르기 때문
(4) $6,900 \times 1.5 \times 2 = 20,700$[V]
(5) 10[분]

290
학교, 사무실, 은행 등의 옥내배선의 설계에 있어서 간선의 굵기를 선정할 때 전등 및 소형 전기 기계 기구의 용량의 합계가 10[kVA]를 넘는 것에 대한 수용률은 내선규정에서 몇 [%]를 적용하도록 정하고 있는가?

Answer

70[%]

291
ZCT와 CT의 결선의 차이점은?

(1) ZCT :
(2) CT :

Answer

(1) ZCT : 3상의 3상 모두 일괄해서 ZCT 1개에 관통시킨다.
(2) CT : 3상의 각 상별로 CT에 관통시킨다.

292. 자동 화재탐지설비 수신기를 6가지만 쓰시오.

① ② ③
④ ⑤ ⑥

Answer

① P형 수신기 ② R형 수신기 ③ M형 수신기
④ GP형 수신기 ⑤ GR형 수신기 ⑥ 간이형 수신기

293. 수변전 설비의 보수 점검에서 변압기의 주요 보수 점검 내용을 6가지만 쓰시오.

① ②
③ ④
⑤ ⑥

Answer

① 본체 외부 점검 ② 소음 및 진동 점검
③ 절연저항 측정 ④ 변압기 절연유의 절연파괴전압 측정
⑤ 절연유 산가 측정 ⑥ 과열 및 오손 점검

294. 다음 각 물음에 답하시오.

(1) 배전선로에서 가장 많이 사용되는 개폐기 4가지를 쓰시오.
  ① ②
  ③ ④
(2) 소호 원리에 따른 차단기의 종류에는 OCB 등 여러 종류가 있지만 소호 원리가 대기 중에서 전자력을 이용하여 아크를 소호실 내로 유도해서 냉각 차단하는 차단기 종류는?
  •

Answer

(1) ① 컷 아웃 스위치(C.O.S)
   ② 부하개폐기
   ③ 리클로져(Recloser)
   ④ 섹셔널라이저(Sectionalizer)
(2) 자기 차단기(MBB)

295. Wenner의 4전극법에 대한 공식을 쓰고, 원리도를 그려 설명하시오.

•

Answer

위너의 4전극법
측정하고자 하는 대지에 4개의 전극을 일렬로 일정 간격(a), 일정 깊이(d)로 매설하고, C_1, C_2 전극에 교류 전류를 인가하여 그 전류치(I)를 측정하고, P_1, P_2 전극에서 측정되는 전압(V)을 측정하여 저항(R)을 구하여 다음의 공식에 의해 계산한다.

대지 고유저항 $\rho = 2\pi aR = 40\pi dR [\Omega \cdot m]$
여기서, ρ : 흙의 저항율[$\Omega \cdot m$]
 a : 전극 간의 거리 (단, $a = 20d$)
 R : 저항 값 (V/I : 측정치)
 d : 전극의 매설 깊이

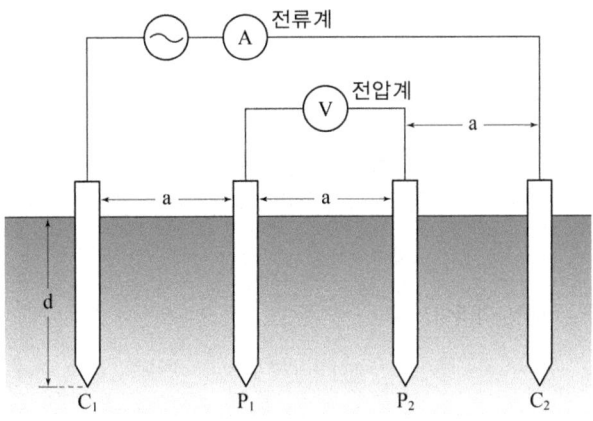

296 ★★★☆☆
공구손료는 일반 공구 및 시험용 계측기구류의 손료로서 공사 중 상시 일반적으로 사용하는 것을 말하며 직접 노무비(노임 할증과 작업시간 증가에 의하지 않는 품 할증 제외) 몇 [%]를 계상할 수 있는가?

•

Answer

3[%]

297 설계서의 작성 순서에서 변경설계를 하려고 한다. 다음 ( ) 안에 알맞은 용어는?

> 표지 – 목차 – (　　　) – 일반시방서 – 특별시방서 – (　　　) – 동원인원계획표 – 내역서 – 이하 생략

Answer

변경이유서, 예정공정표

298 아날로그 멀티테스터기로 직류전압을 측정하려고 한다. 흑색 리드선을 어느 단자에 연결하여야 하는가?

Answer

(−)단자

299 다음과 같은 옥내배선용 그림기호의 명칭은 무엇인가?

● WP

Answer

방수형 스위치

300 고휘도 방전램프(HID 램프)의 종류를 3가지만 적으시오.

Answer

- 수은등, 나트륨등, 메탈 할라이드등

301 가공전선에 가해지는 하중의 종류 3가지를 적으시오.

①　　　　　② 　　　　　③

Answer

① 전선 자중　　② 풍압 하중　　③ 빙설 하중

302 공사계획에 의한 수전설비의 일부가 완성되어 그 완성된 설비만을 사용하고자 할 때 전기설비 검사 항목 처리 지침서에 의한 검사 항목을 5가지만 쓰시오.

①　　　　　　　　　　　②
③　　　　　　　　　　　④
⑤

Answer

① 외관 검사 ② 접지저항 측정
③ 계측 장치 설치 상태 및 동작 상태 검사 ④ 보호 장치 설치 및 동작 상태 검사
⑤ 절연유 내압 및 산가 측정

303
★☆☆☆☆
심선의 색별에서 4심은 어떤 색깔로 구성되어 있는지 그 구성 색깔을 모두 쓰시오.

•

Answer

흑색, 백색, 적색, 녹색

304
★★☆☆☆
비상 콘센트의 화재안전기준에 의해 비상 콘센트설비의 전원회로(비상 콘센트에 전력을 공급하는 회로를 말함)를 구성하려고 한다. 다음 (   ) 안에 ① ~ ④에 알맞은 내용을 쓰시오.

"비상 콘센트설비의 전원회로는 3상 교류 (①)[V]인 것과 단상 교류 (②)[V]인 것으로, 그 공급 용량은 3상 교류의 경우 (③)[kVA] 이상인 것과 단상 교류의 경우 (④)[kVA] 이상인 것으로 할 것"

①   ②   ③   ④

Answer

① 380   ② 220   ③ 3   ④ 1.5

305
★★★★☆
터파기에는 독립 기초, 줄 기초, 철탑 기초가 있다. 철탑 기초 파기의 터파기량 산정식을 적으시오.

•

Answer

터파기량 = 가로 × 세로 × H × 1.21[m³]

306
★☆☆☆☆
사람의 접촉 우려가 있는 장소에서 철주에 절연전선을 사용하여 접지공사를 그림과 같이 노출 시공하고자 한다. 각 물음에 답하시오.

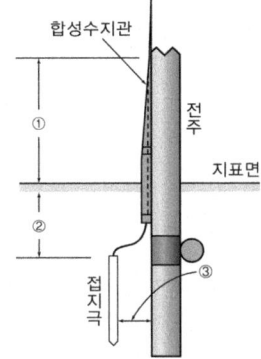

(1) 지표상 합성수지관의 최소 높이(①)는 몇 [m]인지 적으시오.
(2) 접지극의 지하매설 깊이(②)는 몇 [m] 이상인지 적으시오.
(3) 철주와 접지극의 이격거리(③)는 몇 [m] 이상인지 적으시오.

Answer

(1) ① 2   (2) ② 0.75   (3) ③ 1

307 ★☆☆☆☆
저압뱅킹 배전방식에서 캐스캐이딩(Cascading) 현상이란 무엇인지 간단하게 쓰시오.

•

Answer

저압선(측)의 고장으로 건전한 변압기 일부 또는 전부가 차단되는 현상

308 ★☆☆☆☆
배선 심벌은 2.5[mm²] NR 전선 2가닥으로 천장 은폐 배선한 방식이다. 어떤 배관으로 시공되었는지 표시하시오.

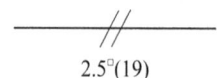
2.5°(19)

•

Answer

19[호] 박강전선관

309 ★☆☆☆☆
그림은 22.9[kV] 특고압 선로의 기본 장주도이다. 이 장주에 표시된 (1), (2), (3), (4)의 종류별 명칭을 구체적으로 쓰시오.

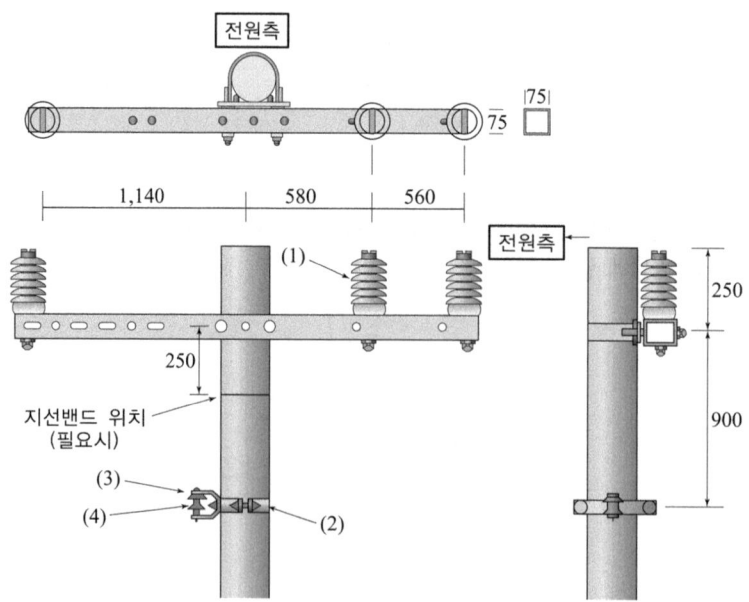

(1) : (2) :
(3) : (4) :

> Answer

(1) 라인 포스트 애자 (2) 랙 밴드
(3) 랙 (4) 저압 인류 애자

310
20층짜리 현대식 빌딩의 옥내 조명기구로 형광등을 사용하고자 한다. 천장은 2중 천장(Suspension Ceiling)이며, 형광등 배치 위치 결정 시 고려하여야 할 천장에 부착되는 건축설비의 종류를 5가지 열거하시오.

① ②
③ ④
⑤

> Answer

① 공기조화 설비   ② 자동 화재탐지 설비   ③ 냉난방 설비
④ 급·배수 설비   ⑤ 오수 설비

311
계전기별 고유번호에서 59가 OVR(교류 과전압 계전기)이면, 51과 27은 무엇인지 영문 약자로 답하시오.

•

> Answer

51 : OCR   27 : UVR

312
철탑에 가공지선이 연결된 상태에서 접지저항을 측정하는 측정기를 적으시오.

•

> Answer

접지 저항 측정기

313
가연성 분진(소맥분·전분·유황 기타 가연성의 먼지로 공중에 떠다니는 상태에서 착화하였을 때에 폭발할 우려가 있는 것을 말하며 폭연성 분진을 제외)에 전기설비가 발화원이 되어 폭발할 우려가 있는 곳에 시설하는 저압 옥내 전기설비의 저압 옥내배선 공사 종류 3가지만 적으시오.

•

> Answer

금속관공사, 합성수지관공사, 케이블공사

314

★★☆☆☆

아래에 나열된 것들은 송전선로 공사에 대한 작업의 내용이다. 올바른 순서로 나열하시오.

① 연선 ② 타설 ③ 굴착 ④ 각입 ⑤ 긴선 ⑥ 조립

•

Answer

③-④-②-⑥-①-⑤

315

★★★☆☆

다음 설명에 맞는 배전자재의 명칭을 쓰시오.

(1) 주상 변압기를 전주에 설치하기 위해 사용되는 밴드는?
(2) 전주에 암타이 및 랙을 설치하기 위하여 사용되는 밴드는?
(3) 가공 배전선로 및 인입선 공사에서 인류애자를 설치하기 위해 사용되는 금구는?
(4) 현수애자를 설치한 가공 ACSR 배전선의 인류 및 내장개소에 ACSR 전선을 현수애자에 설치하기 위해 사용하는 금구는?

Answer

(1) 행거 밴드   (2) 암타이 밴드
(3) 랙   (4) 데드 엔드 클램프

316

★☆☆☆☆

다음 (①), (②)에 알맞은 수치를 쓰시오.

"옥내에서 전선을 병렬로 사용하는 경우에 병렬로 사용하는 각 전선의 굵기는 동 (①) [mm^2] 이상 또는 알루미늄 (②)[mm^2] 이상이고, 동일한 도체, 동일한 굵기, 동일한 길이여야 한다."

①   ②

Answer

① 50   ② 70

317

★★☆☆☆

금속관 배관에서 전선을 병렬로 사용하는 경우의 그림이다. A, B, C 중 잘못된 그림은?

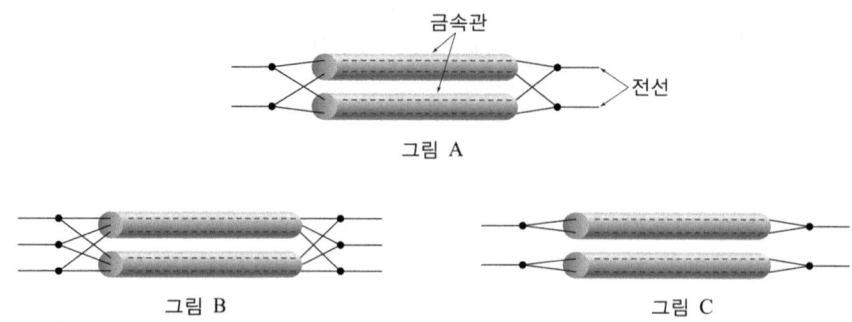

그림 A

그림 B   그림 C

•

Answer

C

318
★★☆☆☆
HID 등기구 조명 기구의 그림기호에 다음과 같이 방기되어 있다. 그 의미를 쓰시오.

•

Answer

400[W] 수은등

319
★☆☆☆☆
강심 알루미늄선을 접속시키는 데 사용하는 자재는?

•

Answer

알루미늄선용 압축 슬리브

320
★★☆☆☆
피뢰기를 설치하여야 할 개소 중 IKL(Isokertaunic-Level)이 11일 이상인 지역에서는 전선로 매 500[m] 이내마다 LA를 설치하고 있다. 여기에서 IKL이란 무엇인지 설명하시오.

•

Answer

연간 뇌우 발생 일수

321
★★☆☆☆
전선 접속 시 압축 단자를 사용하여 접속하는 압축 공구의 명칭은?

•

Answer

프레셔 툴

322
★★☆☆☆
가선공사에서 밧줄의 중간에 재료나 공기구 등을 묶을 경우에 사용되는 그림과 같은 결박법의 명칭을 적으시오.

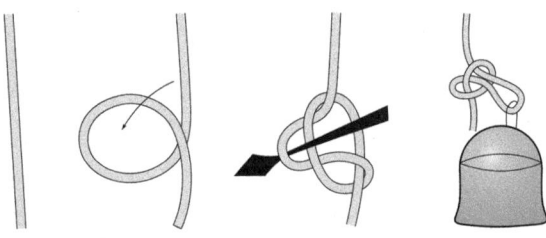

•

Answer

걸이 고리법

323 ★★☆☆☆

금속관 공사에 사용하는 금속관의 단면은 전선의 인입 또는 교체 시에 전선의 피복이 손상되지 않도록 시설 장소에 따라 다음 각 호에 의하여 시설하여야 한다. 괄호 안 (① ~ ⑦)에 알맞은 부품을 써넣으시오.

(1) 관의 단면은 (①)을(를) 사용하여야 한다. 다만, 금속관에서 애자사용공사로 바뀌는 개소에는 (②), (③), (④) 등을 사용하여야 한다.
   ①   ②   ③   ④

(2) 우선 외(雨線 外)에서 수직 배관의 상단은 (⑤)을(를) 사용하여야 한다.
   ⑤

(3) 우선 외(雨線 外)에서 수평 배관의 말단에는 (⑥) 또는 (⑦)을(를) 사용하여야 한다.
   ⑥   ⑦

Answer

(1) ① 부싱   ② 절연부싱   ③ 터미널 캡   ④ 엔드
(2) ⑤ 엔트런스 캡
(3) ⑥ 터미널 캡   ⑦ 엔트런스 캡

324 ★★★☆☆

계장공사에서 잡음(노이즈) 방지를 위해 접지공사를 하는데 이것을 무엇이라 하는지 적으시오.

Answer

노이즈 방지용 접지

325 ★☆☆☆☆

다음은 용어에 관한 설명이다. ( ) 안에 알맞은 용어를 적어라.

(1) (   )이라 함은 가공전선로의 지지물에서 다른 지지물을 거치지 아니하고 수용장소의 인입선 접속점에 이르는 가공전선을 말한다.

(2) (   )이라 함은 지중전선로의 배전함 또는 가공전선로의 지지물에서 직접 수용장소에 이르는 지중전선로를 말한다.

(3) (   )이라 함은 하나의 수용장소의 인입선 접속점에서 분기하여 지지물을 거치지 아니하고 다른 수용장소의 인입선 접속점에 이르는 전선을 말한다.

Answer

(1) 가공인입선
(2) 지중인입선
(3) 연접인입선

326 철탑에 매설 지선 설치 후 접지저항을 측정하는 측정기는?

Answer

접지저항 측정기

327 전기계기 오차의 원인 6가지를 쓰시오.

① ②
③ ④
⑤ ⑥

Answer

① 영점의 이상 ② 계기의 자세 ③ 자기가열 ④ 주위 온도
⑤ 외부 자기장 ⑥ 외부 정전기장

328 주상변압기 설치 전 점검 사항 4가지를 쓰시오.

①
②
③
④

Answer

① 절연저항
② 절연유 상태(유량, 누유 상태)
③ 외관 상태(부싱의 손상 유무), 핸드홀 커버 조임 상태
④ Tap changer의 위치(1차와 2차의 전압비)

329 장주공사에서 ㄱ형 완금에는 어떤 규격이 있는지 5가지를 쓰시오.

Answer

900[mm], 1,400[mm], 1,800[mm], 2,400[mm], 2,600[mm]

330 부가가치세는 무엇의 10[%]인가?

Answer

총 공사원가

331 가공지선이 있는 지지물 표준접지 시공에 관한 그림이다. 그림을 참고로 하여 답란의 물음을 간단하게 쓰시오.

분포접지 ----------
집중접지 ──────

(1) 분포접지란?

(2) 집중접지란?

Answer

(1) 분포접지 : 탑각에서 방사형으로 매설 지선을 포설하여 접지하는 방식
(2) 집중접지 : 탑각에서 10[m] 떨어진 지점에서 분포접지에 직각 방향으로 접지하는 방식

332 예비 전원으로 시설하는 저압 발전기에서 부하에 이르는 전로에는 발전기에 가까운 곳에서 쉽게 개폐 및 점검을 할 수 있는 곳에 ( ), ( ), ( ), ( )를 시설하여야 하는가?

Answer

개폐기, 과전류 차단기, 전류계, 전압계

333 전기설비의 시공에 대한 검사는 육안검사 및 시험에 따른다. 이때 육안검사 항목 5가지를 적어라.

①
②
③
④
⑤

Answer

① 전기기기의 표시 확인과 손상 유무 점검 ② 감전 예방의 종류 확인
③ 허용 전류 및 전압강하에 관한 전선의 선정 ④ 보호장치 및 감시장치의 선택 및 시설
⑤ 단로장치 및 개폐장치의 시설

334 접지 저감제의 시공 방법에서 유입법 4가지를 답하시오.

① ② ③ ④

Answer

① 타입법 ② 보링법 ③ 수반법 ④ 구법

335 계기용 변성기의 종류 5가지를 영문 약호로 쓰시오.

Answer

PT, CT, MOF, ZCT, GPT

336 교류송전방식의 장점 3가지만 쓰시오.

①
②
③

Answer

① 변압이 용이하다.
② 회전자계를 쉽게 얻을 수 있다.
③ 계통을 일관되게 운용할 수 있다.

337 그림은 장간형 현수 애자 ㄱ형 완철 애자 설치 방법이다. 1, 2, 3, 4, 5 명칭을 기입하시오.

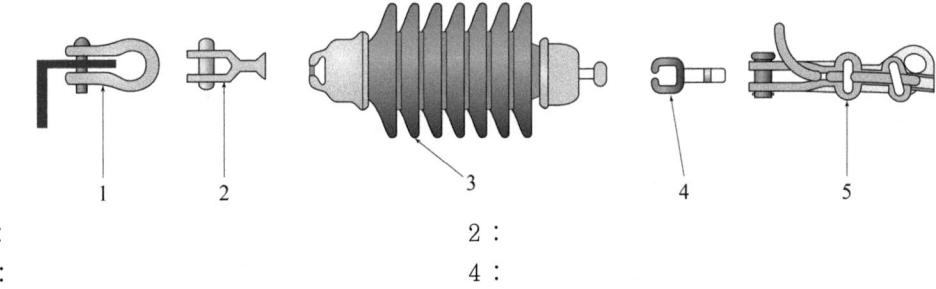

1 : 2 :
3 : 4 :
5 :

Answer

1. 앵카쇄클 2. 볼크레비스
3. 장간형 현수 애자 4. 소켓아이
5. 데드 엔드 클램프

338 ★☆☆☆☆ 아래 표시된 그림은 구내고압 전로의 케이블 입상부의 실제도이다. 그림 ①∼⑧에 대한 물음에 답하시오. 단, 전주의 전장은 16[m]이고, 설계하중 6.8[kN] 이하의 철근 콘크리트주이다.

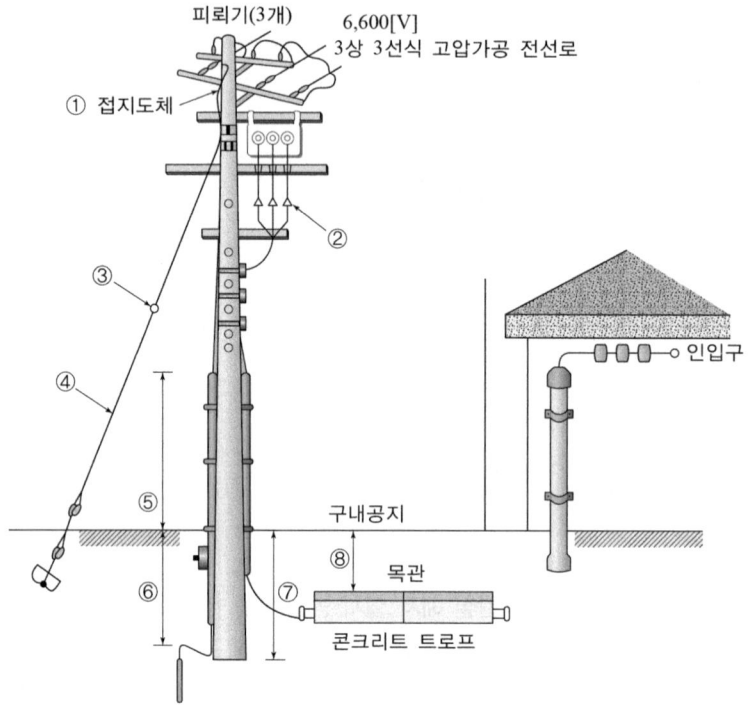

(1) 그림 ①에 표시된 접지도체의 최소 굵기[mm^2]는?
(2) 그림 ②로 표시된 부분의 명칭은?
(3) 그림 ③에 표시된 재료의 명칭은?
(4) 그림 ④에 표시된 명칭은?
(5) 그림 ⑤는 지표상에서 최소 몇 [m]의 높이인가? (케이블 보호관임)
(6) 그림 ⑥에서 접지극 매설의 최소 깊이[m]는?
(7) 그림 ⑦에서 땅속으로 묻히는 최소 깊이[m]는?
(8) 그림 ⑧에서 이 부분의 토관의 최소 깊이[m]는? 단, 중량물에 의한 압력은 안 받는다.

Answer

(1) 6[mm^2]　　(2) 케이블 헤드　　(3) 지선 애사(옥 애자)
(4) 지선　　(5) 2[m]　　(6) 0.75[m] 이상
(7) 2.5[m] 이상　　(8) 0.6[m] 이상

339 다음 그림은 콘크리트 매입배관에서 박스에 파이프를 부착하는 접지시설에 관한 방법이다. 질문에 답하시오.

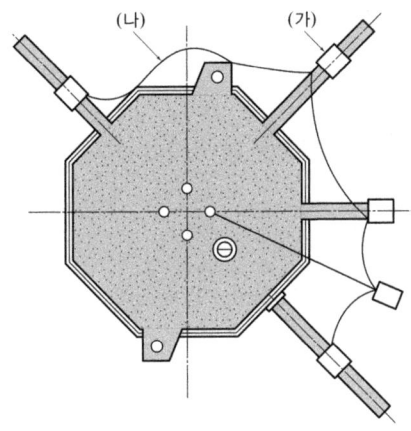

(1) 그림에 표시된 (가)의 재료 명칭은 무엇인가?
(2) 그림에 표시된 (나)의 전선은 무슨 선인지 적으시오.

(1) 접지 클램프   (2) 본딩선(접지도체)

340 다음 설명의 (   ) 안에 알맞은 용어를 적으시오.

> 동기기가 운전 중 부하가 갑자기 변동하면 부하 회전력과 발생 회전력의 평형이 깨져 바로 평형상태로 가지 못하고 진동하게 되는데 이런 현상을 (   )(이)라고 한다.

난조

341 접지공사 기준에서 접지시공에 대한 다음 물음에 답하시오.

(1) 접지지선의 접지극은 지표면 하 몇 [m] 이상의 깊이에 매설하여야 하는가?
(2) 가공전선로에 가공 약전류 전선 또는 가공 광섬유케이블을 공용설치하는 경우에는 가공전선로의 접지극과 가공 약전류 전선 또는 가공 광섬유케이블의 접지극과는 몇 [m] 이상 이격하여 시설하여야 하는가?
(3) 접지극을 지표면으로부터 깊이 매설할수록 효과적이므로 가급적 직렬로 연결할 때는 접지봉을 몇 개 이상 매설하는 것이 좋은가?
(4) 접지도체는 전주의 어떤 측에 시설함을 원칙으로 하는가?
(5) 접지도체와 접지극 리드선과의 접속은 스리브 등에 의한 압축접속 또는 어떤 접속 방법으로 접속하는가?
(6) 접지 장소의 토질 또는 현장 여건으로 인하여 규정된 접지저항치를 얻기 어려운 곳에서는 심타 접지공법과 어떤 접지공법을 적용하여야 하는가?

(1) 75[cm] 이상 (2) 1[m] 이상
(3) 2개 이상 (4) 내측
(5) 동선과 동선을 감아서 사용 (6) 다극 접지 공법

342 다음 물음에 답하시오.

(1) 조명 기구의 특성 3가지를 쓰시오.
 •
(2) down light 조명 방식이란?
 •
(3) EL 방전등(Electro luminescent Lamp)의 용도는?
 •

Answer

(1) 배광 특성, 휘도 특성, 기구효율 특성
(2) 천장 면에 작은 구멍을 많이 뚫어 그 속에 여러 형태의 등기구를 매입하는 조명방식
(3) 표시용, 장식용

343 다음 표시 기호를 보고 물음에 답하시오.

NR 2.5□

(1) 배선 공사명 : (2) 전선의 종류 :
(3) 전선의 굵기 : (4) 전선 수 :

Answer

(1) 천장 은폐 배선 (2) 450/750[V] 일반용 단심 비닐절연전선
(3) 2.5[mm^2] (4) 4가닥(4본)

344 배전 변전소 또는 발전소로부터 배전간선에 이르기까지의 도중에 부하가 접속되어 있지 않는 선로를 무엇이라 하는지 쓰시오.
 •

Answer

Feeder(급전선)

345 금속덕트의 시설에 대한 아래 내용의 ( )안에 알맞은 내용을 채우시오.

(1) 절연전선을 동일 금속덕트 내에 넣을 경우 금속덕트의 크기는 전선의 피복절연물을 포함한 단면적의 총 합계가 금속덕트 내 단면적의 ( )[%] 이하가 되도록 선정하여야 한다.
(2) 금속덕트는 ( )[m] 이하의 간격으로 견고하게 지지하여야 한다.
(3) 취급자 이외의 자가 출입할 수 없도록 설비한 장소에서 수직으로 설치하는 경우는 ( )[m] 이하의 간격으로 견고하게 지지하여야 한다.

Answer

(1) 20   (2) 3   (3) 6

346 다음 ( ) 안에 알맞은 내용을 쓰시오.

> "애자공사의 전선은 애자로 지지하고 조영재 등에 접촉될 우려가 있는 개소는 전선을 (①) 또는 (②)에 넣어 시설하여야 한다."

①   ②

Answer

① 애관   ② 합성수지관

347 피뢰기 공사의 시공 흐름도이다. (1), (2), (3), (4) 번호의 빈 공간에 흐름도가 옳도록 완성하시오.

(1) :   (2) :
(3) :   (4) :

Answer

(1) 피뢰기 점검   (2) 피뢰기 설치
(3) 접지극 시설   (4) 작업장 정리, 정돈

348 접지도체를 사용하여 접지를 하여야 할 개소를 5개소만 쓰시오.

①   ②
③   ④
⑤

Answer

① 일반기기 및 제어반의 외함
② 피뢰기의 접지단자
③ 계기용 변성기의 2차 측
④ 다선식 전로의 중성선 또는 1단자
⑤ 케이블의 차폐선

349 ★☆☆☆☆
접지의 종별 적용에 대하여 구분하면 계통 접지, 중성점 접지, 기능 접지, 안전 접지로 구분한다. 이중 "기능 접지"는 어떤 요구 조건에 부응하고자 적용하는 접지인가?

•

Answer

전자계산기 등에 있어 전위의 안정된 기준을 얻기 위한 접지

350 ★☆☆☆☆
애자는 사용전압에 따라 원칙적으로 하는 색채가 있다. 주어진 답안지의 사용전압을 보고 답안지에 색채를 답하시오.

애자 종류	색별
고압 및 특고압	(1)
저압(접지 측 전선을 지지하는 것을 제외)	(2)
저압(접지 측 전선을 지지하는 것)	(3)

(1) :   (2) :   (3) :

Answer

(1) 갈색
(2) 백색
(3) 청색

351 ★☆☆☆☆
고조도 반사갓 설치 효과를 2가지만 간단히 쓰시오.

①   ②

Answer

① 조도의 향상   ② 조명전력의 절감에 의한 에너지 절감

352 ★★☆☆☆
산업설비 시설에서 옥외 조명으로 많이 사용하는 방전램프 3가지를 쓰시오. 단, 고압과 저압용으로 구분하지 말고 순수 명칭을 쓸 것

•

Answer

수은등, 나트륨등, 메탈헬라이드등

353

표준품셈(전기부문)에 의할 때 다음 각 경우의 할증률을 적으시오.

(1) 건물 층수별 할증률 중 20층 초과 25층 이하에 대한 할증률 : (　　)[%]
(2) 위험 할증률 중 고소작업 지상 5[m] 이상 10[m] 미만에 대한 할증률 : (　　)[%]
(3) 전기재료의 할증률 중 옥내전선에 최대로 적용 가능한 할증률 : (　　)[%]

Answer

(1) 6[%]　　　(2) 20[%]　　　(3) 10[%]

354

전기부문 표준품셈에 의하면 기계장비를 이용하여 전주세움 작업을 할 때 넓은 지역과 협소한 지역은 무엇인지 도로폭(예: 편도 1차로, 편도 2차로, 편도 3차로 등)을 기준으로 적으시오.

(1) 넓은 지역 : 편도 (　　　) 이상
(2) 협소한 지역 : 편도 (　　　) 이하

Answer

(1) 3차로　　　(2) 2차로

355

한국전기설비규정에 따른 전기저장장치의 시설에 대한 설명이다. 다음 빈칸에 알맞은 내용을 적으시오.

> 전기저장장치의 이차전지는 다음에 따라 자동으로 전로로부터 차단하는 장치를 시설하여야 한다.
> 1. (①) 또는 (②)가 발생한 경우
> 2. 제어장치에 이상이 발생한 경우
> 3. 이차전지 모듈의 내부 (③)가 급격이 상승할 경우

①　　　　　②　　　　　③

Answer

① 과전압　　② 과전류　　③ 온도

356

한국전기설비규정에 따른 접지도체에 대한 설명이다. 다음 빈칸에 알맞은 내용을 적으시오.

(1) 접지도체의 단면적은 큰 고장전류가 접지도체를 통하여 흐르지 않을 경우 접지도체의 최소 단면적은 다음과 같다.
　1) 구리는 (　　)[mm²] 이상　　　　2) 철제는 (　　)[mm²] 이상
(2) 접지도체에 피뢰시스템이 접속되는 경우, 접지도체의 단면적은 구리 (　　)[mm²] 또는 철 50[mm²] 이상으로 하여야 한다.

Answer

(1) 6, 50　　　(2) 16

357 ★★☆☆☆
한국전기설비규정에서 정하는 연료전지설비의 보호장치에 대한 설명이다. 빈칸에 들어갈 말을 적으시오.

> 연료전지는 다음의 경우에 자동적으로 이를 전로에서 차단하고 연료전지에 연료가스 공급을 자동적으로 차단하며 연료전지내의 연료가스를 자동적으로 배기하는 장치를 시설하여야 한다.
> 가. 연료전지에 (①)가 생긴 경우
> 나. 발전요소의 발전전압에 이상이 생겼을 경우 또는 연료가스 출구에서의 (②) 또는 공기 출구에서의 (③) 농도가 현저히 상승한 경우
> 다. 연료전지의 (④)가 현저하게 상승한 경우

① ② ③ ④

Answer

① 과전류　② 산소농도
③ 연료가스　④ 온도

358 ★☆☆☆☆
한국전기설비규정에 따라 전주외등을 설치하려고 한다. 가로등, 보안등에 LED 등기구를 사용할 때, LED 등기구의 최소 IP등급은 얼마인가?

•

Answer

IP 65 이상

359 ★☆☆☆☆
전기부문 표준 품셈에 따라 전기재료의 할증률 및 철거용 재료의 손실률은 아래 표의 값 이내로 하여야 한다. 다음 빈칸을 채우시오.

종류	할증률[%]	철거손실률[%]
옥외전선	(①)	(②)
옥내전선	(③)	-

① ② ③

Answer

① 5　② 2.5　③ 10

360 ★★★★☆
한국전기설비규정에서 정하는 전선의 식별 색상을 쓰시오.

상(문자)	색상
L1	(①)
L2	(②)
L3	(③)
N	(④)
보호도체	(⑤)

① ② ③
④ ⑤

> **Answer**
>
> ① 갈색　　② 흑색　　③ 회색
> ④ 청색　　⑤ 녹색 – 노란색

361 ★☆☆☆☆
한국전기설비규정에서 정하는 용어의 정의이다. 빈칸에 알맞은 내용을 적으시오.

> 1. (①)란 교류회로에서 중성선 겸용 보호도체를 말한다
> 2. (②)란 직류회로에서 중간선 겸용 보호도체를 말한다.
> 3. (③)란 직류회로에서 선도체 겸용 보호도체를 말한다.

① ② ③

> **Answer**
>
> ① PEN　　② PEM　　③ PEL

362 ★☆☆☆☆
한국전기설비규정에서 정하는 케이블 트레이의 종류를 3가지만 적으시오.
① ② ③

> **Answer**
>
> ① 사다리형　　② 펀칭형　　③ 메시형

363 ★☆☆☆☆
한국전기설비규정에서 정하는 보호도체의 최소 단면적을 선정하고자 한다. 빈칸에 알맞은 내용을 적으시오.

선도체의 단면적 S (㎟, 구리)	보호도체의 최소 단면적(㎟, 구리) 보호도체의 재질은 선도체와 같다.
$S \leq 16$	(①)
$16 < S \leq 35$	(②)
$S > 35$	(③)

① ② ③

> **Answer**
>
> ① S　　② 16　　③ $\dfrac{S}{2}$

364 전기부문의 표준 품셈에 따른 고소작업에 대한 위험 할증률을 나타낸 것이다. 다음의 빈 칸을 채우시오(단, 비계틀 없이 시공하는 작업임).

고소 작업 높이	할증률[%]
고소작업 지상 5[m] 미만	(①)
고소작업 지상 5[m] 이상 10[m] 미만	(②)
고소작업 지상 10[m] 이상 15[m] 미만	(③)

Answer

① 0　　② 20　　③ 30

365 다음은 태양광발전설비의 태양전지 모듈 검사에서 직류회로 절연저항 측정방법이다. 측정순서를 올바르게 나열하시오.

① 전체 스트링의 차단기 또는 퓨즈 개방
② 단락용 개폐기 개방
③ 주 차단기 개방, SA 또는 SPD가 있는 경우 접지단자 분리
④ 측정회로 스트링의 차단기 또는 퓨즈 투입 후 단락용 개폐기 투입
⑤ 단락용 개폐기의 1차 측 (+) 및 (−)의 클립을 차단기 또는 퓨즈와 역전류 방지 다이오드 사이에 각각 접속
⑥ 측정 후 반드시 단락용 개폐기(직류차단기)를 개방
⑦ 절연저항계 E측을 접지단자에, L측을 단락용 개폐기의 2차 측에 접속하고 절연저항 측정
⑧ 스트링의 클립 제거, SA 또는 SPD 접지단자 복원

• 답 : ③ → 　 → 　 → 　 → 　 → 　 → 　 → ⑧

Answer

③ → ② → ① → ⑤ → ④ → ⑦ → ⑥ → ⑧

366 한국전기설비규정에 따라 저압 전로에 사용하는 과전류 보호장치의 종류를 3가지만 적으시오(단, 기중차단기는 제외한다).

① :　　② :　　③ :

Answer

① : 배선차단기　　② : 누전차단기　　③ : 퓨즈

367 한 개의 전등을 3개소에서 점멸하고자 할 때 다음 각 경우에 따라 사용할 스위치의 최소 수량을 적으시오.

스위치의 종류	수량
3로 스위치와 4로 스위치를 같이 사용하는 경우	3로 스위치 : (①)개
	4로 스위치 : (②)개
3로 스위치만 사용하는 경우	3로 스위치 : (③)개

① ② ③

Answer

① 2　　②1　　③ 4

368 전기부문 표준품셈에 따른 인력운반비 산출 공식을 아래 조건을 활용하여 적으시오.

A : 공사특성에 따른 직종 노임
M : 필요한 인력의 수 $M = \dfrac{\text{총운반량[kg]}}{1\text{인당 }1\text{회 운반량[kg]}}$
L : 운반거리[km]
V : 왕복 평균속도[km/hr]
T : 1일 실작업시간[분]
t : 준비작업시간[2분](1회 운반량은 25[kg/인])

- 답 :

Answer

운반비 $= \dfrac{A}{T} \times M \times \left(\dfrac{60 \times 2 \times L}{V} + t\right)$

369 전력계통에서 지락보호계전기의 종류를 3가지만 적으시오.

① ② ③

Answer

① 지락과전류계전기　② 방향지락계전기　③ 선택지락계전기

370 특고압 배전선로의 지지물에서 내장이나 인류개소에 장력이 걸리는 전선을 고정하는 데 사용하며 폴리머제 애자로 자기제 애자류에 비해 전기적인 특성이 양호하고 신뢰성이 높아 중요지역 및 염진해 지역의 공급선로에 주로 사용되는 것은 무엇인가?

- 답 :

Answer

폴리머 현수애자

371 갭레스형 피뢰기의 장·단점을 각각 2가지씩 쓰시오.

(1) 장점
　①
　②
(1) 단점
　①
　②

Answer

(1) 장점
 ① **직렬갭(방전갭)**이 **없으므로** 구조가 간단하고 소형 경량화가 가능하다.
 ② **속류가 없어** 빈번한 작동에 잘 견디며 특성요소의 변화가 적다.
(1) 단점
 ① 직렬갭이 없으므로 **특성요소** 사고 시에 단락사고와 같은 **경로로** 연결될 수 있다.
 ② 항상 회로에 전압이 인가되어 **열화가능성**이 있으며 열폭주현상이 발생할 수 있다.

372
한국전기설비규정에 따른 등기구 설치에 관한 설명 중 일부이다. 빈칸에 알맞은 내용을 적으시오.

> 가연성 재료로부터 적절한 간격을 유지하여야 하며, 제작자에 의해 다른 정보가 주어지지 않으면, 스포트라이트나 프로젝터는 모든 방향에서 가연성 재료로부터 다음의 최소 거리를 두고 설치하여야 한다.
> (1) 정격용량 100[W] 이하 : (①)[m]
> (2) 정격용량 100[W] 초과 300[W] 이하 : (②)[m]
> (3) 정격용량 300[W] 초과 500[W] 이하 : 1.0[m]
> (4) 정격용량 500[W] 초과 : 1.0[m] 초과

① 　　　　　　　　　　　　　　　②

Answer

① 0.5　　　　　　　　　　　　　② 0.8

373
전기부문 표준품셈에 따른 케이블의 할증률은 일반적으로 다음 표의 값 이내로 한다. 빈칸에 알맞은 내용을 적으시오.

전기재료	할증률[%]
Cable(옥외)	(①)
Cable(옥내)	(②)

Answer

① 3　　　　　　　　　　　　　② 5

374
다음은 조명방식에 관한 설명이다. 조명방식 및 특징을 읽고 어떤 조명방식인지 적으시오.

> • 조명방식
> 코너 조명과 같이 천장과 벽면경계에 건축적으로 둘레턱을 만들어 내부에 등기구를 배치하여 조명 하는 방식이다.
> • 특징
> 아래 방향의 벽면을 조명하는 방식으로 광원은 형광램프가 적정하다.

• 답 :

Answer

코니스 조명

375 사용전압이 저압인 전로(전기기계기구 안의 전로 제외)의 전선으로 사용하는 케이블을 3가지만 적으시오.

① ②
③

Answer
① 0.6/1[kV] 연피(鉛皮)케이블 ② 클로로프렌외장(外裝)케이블
③ 비닐외장케이블

376 KS C 0301에 따른 옥내배선의 그림기호의 명칭을 쓰시오.

① S ② B ③ E ④ Wh

Answer
① 개폐기 ② 배선차단기 ③ 누전차단기 ④ 전력량계

377 한국전기설비규정에 따른 용어정리의 일부이다. 빈칸에 알맞은 내용을 적으시오.

(①)이란 인체에 위험을 초래하지 않을 정도의 저압을 말한다. 여기서 (②)는 비접지회로에 해당되며 (③)는 접지회로에 해당한다.

① ② ③

Answer
① 특별저압 ② SELV ③ PELV

378 한국전기설비규정에 따른 소세력 회로에 관한 내용이다. 다음 괄호에 공통으로 들어갈 내용을 적으시오.

소세력 회로(少勢力回路)에 전기를 공급하기 위한 변압기는 ( )일 것
소세력 회로에 전기를 공급하기 위한 ( )의 사용전압은 대지전압 300[V] 이하로 하여야 한다.

• 답 :

Answer
절연변압기

379 그림의 회로에서 (1),(2),(3)을 폐로하고 (4)를 개로하고자 할 때 조작순서를 번호로 쓰시오.

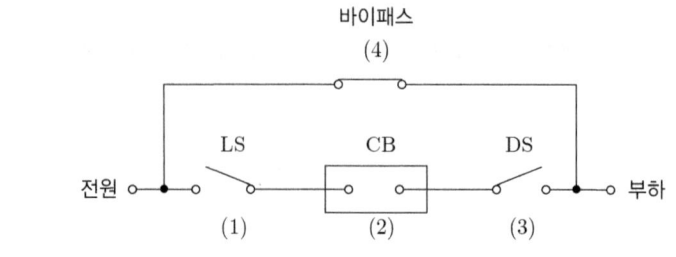

• 답 :   →   →   →

Answer

(3) → (1) → (2) → (4)

380 CTTS(Closed Transition Transfer Switch) 폐쇄형 전원 절환 절체개폐기의 장점을 ATS (Automatic Transfer Switch) 자동 전환 개폐기와 비교하여 간단히 설명하여라.

• 답 :

Answer

자동전환개폐기는 수변전설비에서 주전원 정전 시 비상발전기로 절체하여 전원공급하는 개폐기로서 정전이 불가피하다는 단점이 있으며, 폐쇄형 전원 절환 절체개폐기는 미리 비상발전기를 동작시켜 발전기 전원의 주파수 및 전압 동기가 확립되면 100[ms] 이내 동안 병렬운전을 한 후 무정전으로 발전기 측으로 절체되는 스위치이다.

381 다음의 옥내배선 그림기호에 대한 명칭을 쓰시오.

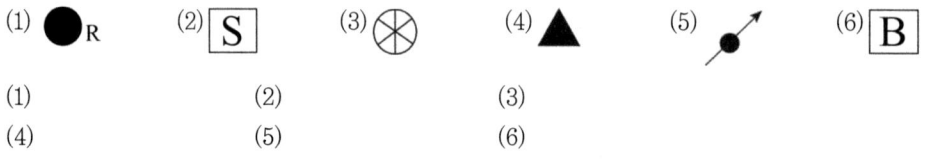

(1)   (2)   (3)
(4)   (5)   (6)

Answer

(1) 리모콘 스위치   (2) 개폐기   (3) 셀렉터 스위치
(4) 리모콘 릴레이   (5) 조광기   (6) 배선용 차단기

382 한국전기설비규정에 따른 과전류차단기로 저압전로에 사용하는 주택용 배선차단기의 과전류트립 및 동작시간 및 특성에 관한 표이다. 빈칸에 알맞은 내용을 쓰시오.

정격전류의 구분	시간	정격전류의 배수(모든 극에 통전)	
		부동작 전류	동작 전류
63[A] 이하	60분	(①)배	(②)배
63[A] 초과	120분	(①)배	(②)배

①   ②   ③   ④

Answer

① 1.13　　　② 1.45

383
한국전기설비규정에 따른 저압 연접인입선에 대한 규정이다. 빈칸에 알맞은 내용을 적으시오.

> 가. 인입선에서 분기하는 점으로부터 (①)[m]를 초과하는 지역에 미치지 아니할 것.
> 나. 폭 (②)[m]를 초과하는 도로를 횡단하지 아니할 것.
> 다. (③)를 통과하지 아니할 것.

①　　　②　　　③

Answer

① 100　　　② 5　　　③ 옥내

384
그림과 같은 줄기초 터파기 수량을 산출하고자 한다. 계산식을 적으시오.

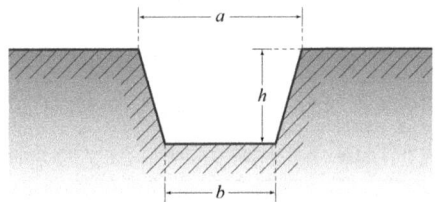

Answer

굴착량 $= \dfrac{(a+b)}{2} \times h \times 줄기초길이 \, [\text{m}^3]$

385
다음은 네온방전등을 옥내에 시설하는 경우이다. 다음 각 물음에 답하시오.

(1) 관등회로의 배선은 어떤 공사로 하는지 적으시오.
(2) 관등회로의 배선에서 전선지지점간 최대거리[m]를 적으시오.
(3) 네온방전등에 공급하는 전로의 대지전압은 몇 [V] 이하인가?
(4) 네온변압기는 어떤 관리법의 적용을 받는 것이어야 하는가?
(5) 관등회로의 배선에서 전선상호간의 이격거리[mm]는 얼마인가?

Answer

(1) 애자공사　　　(2) 1[m]　　　(3) 300[V]
(4) 전기용품 및 생활용품 안전관리법　　　(5) 60[mm]

386
다음은 한국전기설비규정에 의한 저압가공전선의 높이에 관한 내용이다. 다음의 물음에 알맞은 답을 쓰시오.

> 저압 가공전선의 높이는 다음에 따라야 한다
> 가. 도로[농로 기타 교통이 번잡하지 않은 도로 및 횡단보도교(도로·철도·궤도 등의 위를 횡단하여 시설하는 다리모양의 시설물로서 보행용으로만 사용되는 것을 말한다. 이하 같다)를 제외한다. 이하 같다]를 횡단하는 경우에는 지표상 (①)[m] 이상
> 나. 철도 또는 궤도를 횡단하는 경우에는 레일면상 (②)[m] 이상
> 다. 횡단보도교의 위에 시설하는 경우에는 저압 가공전선은 그 노면상 (③)[m] {전선이 저압 절연전선(인입용 비닐절연전선·450/750[V] 비닐절연전선·450/750[V] 고무 절연전선·옥외용 비닐절연전선을 말한다. 이하 같다)·다심형 전선 또는 케이블인 경우에는 3[m] } 이상

① ② ③

Answer
① 6   ② 6.5   ③ 3.5

387
다음은 충전방식에 대한 설명이다. 괄호 안에 알맞은 충전방식을 적으시오.

충전방식	설명
(①)	필요할 때마다 표준 시간율로 소정의 충전을 하는 방식
(②)	비교적 단시간에 보통 충전전류의 2~3배의 전류로 충전하는 방식
(③)	축전지의 자기 방전을 보충함과 동시에 사용 부하에 대한 전력 공급은 충전기가 부담하도록 하되 충전기가 부담하기 어려운 일시적인 대전류 부하는 축전지로 하여금 부담하게 하는 방식
(④)	부동충전방식에 의하여 사용할 때 각 전해조에서 일어나는 전위차를 보정하기 위하여 1~3개월마다 1회씩 정전압으로 10~12시간 충전하여 각 전해조의 용량을 균일화하기 위한 방식
(⑤)	자기 방전량만을 항시 충전하는 부동 충전 방식의 일종

① ② ③
④ ⑤

Answer
① 보통충전   ② 급속충전   ③ 부동충전   ④ 균등충전   ⑤ 세류충전

388
다음의 설명에 맞는 3상 변압기 결선을 아래의 보기에서 선택하여 괄호 안에 알맞은 번호를 적으시오.

[보기]
① △-△결선   ② △-Y결선, Y-△ 결선
③ Y-Y결선   ④ V-V결선

3상 변압기 결선	결선의 특징
( )	단상 변압기 2대로 3상 전원 공급이 가능하다.
( )	1, 2차 중성점을 접지할 수 있어 이상전압 감소에 유리하다.
( )	기전력의 파형이 왜곡되지 않는다.
( )	1상분이 고장나면 나머지 2대로 3상 공급이 가능하다.

Answer

3상 변압기 결선	결선의 특징
④	단상 변압기 2대로 3상 전원 공급이 가능하다.
③	1, 2차 중성점을 접지할 수 있어 이상전압 감소에 유리하다.
②	기전력의 파형이 왜곡되지 않는다.
①	1상분이 고장나면 나머지 2대로 3상 공급이 가능하다.

389 셀룰러덕트공사에서 셀룰러덕트의 판 두께에 관한 내용이다. 다음의 표에 알맞은 내용을 적으시오.

덕트의 최대 폭	덕트의 최소 판 두께[mm]
150[mm] 이하	①
200[mm] 초과	②

①   ②

Answer

① 1.2   ② 1.6

390 한국전기설비규정에 따라 금속제 가요전선관공사를 실시하고자 한다. 1종 금속제 가요전선관을 사용할 수 있는 조건을 2가지만 적으시오(단, 옥내배선의 사용전압이 400[V]이하인 경우이다).

Answer

① 전개된 장소
② 점검할 수 있는 은폐된 장소

391 한국전기설비규정에 따른 태양광설비의 시설 기준 중 태양전지 모듈에 관한 내용이다. ( )안에 알맞은 내용을 답란에 적으시오.

> 태양광설비에 시설하는 태양전지 모듈(이하 "모듈"이라 한다)은 다음에 따라 시설하여야 한다.
> – 모듈의 각 직렬군은 동일한 단락전류를 가진 모듈로 구성하여야 하며 1대의 인버터(멀티스트링 인버터의 경우 1대의 MPPT 제어기)에 연결된 모듈 직렬군이 (①)이상일 경우에는 각 직렬군의 출력전압 및 (②)가 동일하게 형성되도록 배열할 것

①   ②

Answer

① 2병렬   ② 출력전류

392 한국전기설비규정에 따른 저압 전기설비의 도체와 과부하 보호장치 사이의 협조를 위해 충족하여야 하는 "과부하에 대한 전선 또는 케이블을 보호하는 장치의 동작특성 조건식" 2가지는 ①~②와 같다. ( )안에 알맞은 내용을 다음 기호를 이용하여 적으시오.

> I_B : 회로의 설계전류
> I_Z : 케이블의 허용전류
> I_n : 보호장치의 정격전류
> I_2 : 보호장치가 규약시간 이내에 유효하게 동작하는 것을 보장하는 전류

[과부하에 대한 전선 또는 케이블을 보호하는 장치의 동작특성 조건식]

① ( ) ≤ I_n ≤ ( )
② I_2 ≤ ( )

① ②

Answer

① I_B, I_Z ② $1.45 \times I_Z$

---

393 전주외등 배선 시 단면적 2.5[mm²] 이상의 절연전선 또는 이와 동등 이상의 절연성능이 있는 것을 사용하여 시설하여야 한다. 이 때 사용되는 공사방법 3가지를 적으시오(단, 대지전압 300[V]이하의 형광등, 고압방전등, LED등 등을 배전선로의 지지물 등에 시설하는 경우로 한국전기설비규정에 따른 공사방법이다).

Answer

① 케이블공사   ② 합성수지관공사   ③ 금속관공사

---

394 자가용 전기설비의 보호계전기에 대한 다음 각 물음에 답하시오.

(1) 2개 이상의 벡터량의 관계위치에서 동작하며, 전류가 어느 방향으로 흐르고 있는가를 판정하는 계전기를 적으시오.
(2) 보호구간으로 유입하는 전류와 보호구간에서 유출되는 전류의 벡터차와 출입하는 전류와의 관계비로 동작하는 계전기를 적으시오.

Answer

(1) 차동계전기   (2) 비율차동계전기

---

395 형광 램프의 기호 "FL 20 W"의 의미를 적으시오.

① FL의 의미 :   ② 20의 의미 :   ③ W의 의미 :

Answer

① 형광등   ② 소비전력 20[W]   ③ 백색

396
조명설비의 배광에 따른 분류이다. 각각의 내용에 맞는 조명방식을 적으시오.

(1) 발산광속의 90~100[%]가 작업면을 직접 조명하는 방식으로 공장의 일반조명에 널리 사용된다.
(2) 발산 광속 중 하향광속이 60~90[%]가 되므로 하향광속으로 작업면에 직사시키고 상향광속으로 천장, 벽면 등에 반사되고 있는 반사광으로 작업면의 조도를 증가시키는 조명방식이다.
(3) 상향광속과 하향광속이 거의 동일하므로 하향광속으로 직접 작업면에 직사시키고 상향 광속의 반사광으로 작업면의 조도를 증가시키는 조명 방식이다.

Answer

(1) 직접조명　　(2) 반직접조명　　(3) 전반확산조명

397
전기부분 표준품셈에 따른 구내 입환별 할증률에 관한 표이다. ( ) 안에 알맞은 내용을 보기에서 골라 적으시오.

[보기]
0[%], 5[%], 10[%], 15[%], 20[%], 25[%], 30[%], 35[%]
1, 2, 3, 4, 5, 6, 7, 8, 9, 10[선]

[구내 입환별 할증률]

구 분	할증률	비 고
입환작업이 특히 빈번한 구내	(①)[%]	구내배선이 (②)선 이상
기타 역구내	(③)[%]	구내배선이 5선 이상

① ② ③

Answer

① 20　　② 6　　③ 10

398
배전선로의 배전방식 중 저압네트워크 방식의 장점을 3가지만 적으시오.

①
②
③

Answer

① 무정전 공급이 가능하다(공급신뢰성이 가장 우수).
② 전압변동이 적다.
③ 부하증가에 대한 적응성이 우수하다.

399

다음은 한국전기설비규정에 따른 용어의 정의이다. 각각에 알맞은 용어를 적으시오.

용어	정의
①	가공전선로의 지지물로부터 다른 지지물을 거치지 아니하고 수용장소의 붙임점에 이르는 가공전선
②	지중 전선로 지중 약전류 전선로 지중 광섬유 케이블 선로 지중에 시설하는 수관 및 가스관과 이와 유사한 것 및 이들에 부속하는 지중함 등
③	둘 이상의 전력계통 사이를 전력이 상호 융통될 수 있도록 선로를 통하여 연결하는 것으로 전력계통 상호간을 송전선, 변압기 또는 직류-교류 변환설비 등에 연결하는 것. 계통연락이라고도 함

① ② ③

Answer

① 가공인입선 ② 지중 관로 ③ 계통연계

400

KS C 0301(옥내 배선용 그림 기호)에 따른 다음 그림 기호의 명칭을 적으시오.

기호	⊖G	⊙P	△
명칭	①	②	③

① ② ③

Answer

① 누전 경보기 ② 압력 스위치 ③ 스피커

401

다음은 KS C IEC 60364-5-54에 관련된 접지설비의 예이다. ①~③의 명칭을 적으시오.

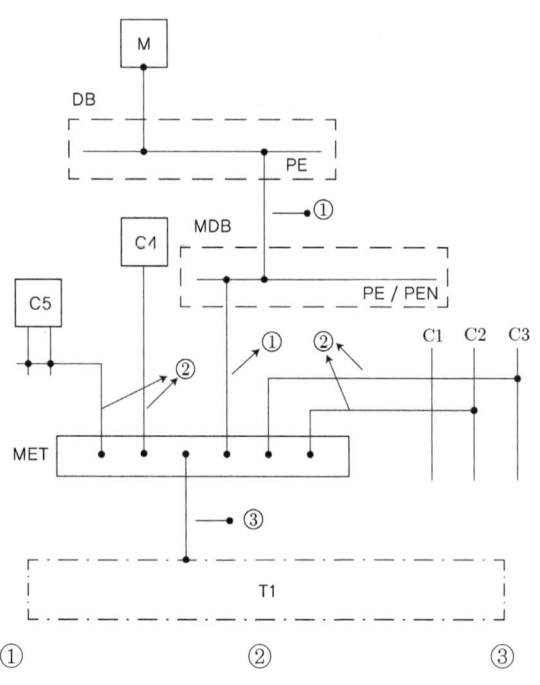

① ② ③

Answer

① 보호도체   ② 주 접지단자 접속용 보호본딩도체   ③ 접지도체

402 ★★☆☆☆ 자가용 전기설비에서 역률 향상을 위하여 설치하는 전력용(진상용) 콘덴서의 설치효과를 3가지만 적으시오.

①   ②   ③

Answer

① 전력손실 감소   ② 전압강하(율) 감소   ③ 전기요금 감소

403 ★★☆☆☆ 다음 설명에 알맞은 금속관 공사에 사용되는 부속 재료의 명칭을 적으시오.

(1) 관과 박스를 접속하는 경우 파이프 나사를 죄어 고정시키는 데 사용하는 재료
(2) 금속관 상호 접속 또는 관과 노멀 밴드와의 접속에 사용하는 재료
(3) 노출 배관에서 금속관을 조영재에 고정시키는 데 사용하는 재료
(4) 전등기구나 점멸기 또는 콘센트의 고정, 접속함으로 사용하는 재료
(5) 아웃렛 박스에 조명기구를 부착시킬 때 기구 중량의 장력을 보강하기 위하여 사용하는 재료

Answer

(1) 로크너트   (2) 커플링   (3) 새들
(4) 아웃렛 박스   (5) 픽스쳐 스터드와 히키

404 ★☆☆☆☆ 다음 전선의 약호를 보고 각각의 명칭을 한글로 적으시오.

전선의 약호	전선의 명칭
ACSR	①
OW	②
HFIX	③
DV	④
MI	⑤

Answer

① 강심 알루미늄 연선   ② 옥외용 비닐 절연 전선
③ 450/750[V] 저독성 난연 가교폴리올레핀 절연전선
④ 인입용 비닐 절연 전선   ⑤ 미네럴 인슐레이션 케이블

405 ★☆☆☆☆ 선로전압 22.9[kV]에서 변전소 및 배전선로의 피뢰기 정격전압[kV]를 적으시오(단, 3상 4선식 다중접지이다).

• 변전소 :   • 배전선로 :

> **Answer**
> • 변전소 : 21[kV]　　• 배전선로 : 18[kV]

406 ★☆☆☆☆
한국전기설비규정 배선설비공사 방법에서 케이블덕팅시스템 공사방법을 3가지만 적으시오.
①　　　　　　　　② 　　　　　　　　③

> **Answer**
> ① 금속덕트공사　　② 플로어덕트공사　　③ 셀룰러덕트공사

407 ★☆☆☆☆
한국전기설비규정에서 정하는 기계기구의 철대 및 외함의 접지에 대한 내용이다. 다음의 (　)에 알맞은 내용을 보기에서 골라 적으시오.

[보기]
60[V], 110[V], 220[V], 150[V], 300[V], 절연대, 단일벽, 이중벽, 피뢰기,
서지보호장치, 1.5[kVA], 3[kVA], 5[kVA], 7.5[kVA], 10[kVA]

전로에 시설하는 기계기구의 철대 및 금속제 외함(외함이 없는 변압기 또는 계기용 변성기는 철심)에는 접지공사를 해야 하나, 다음의 어느 하나에 해당하는 경우에는 규정에 따르지 않을 수 있다.
(1) 사용전압이 직류 (①) 또는 교류 대지전압이 (②) 이하인 기계기구를 건조한 곳에 시설하는 경우
(2) 철대 또는 외함의 주위에 적당한 (③)(을/를) 설치하는 경우
(3) 외함이 없는 계기용변성기가 고무 합성수지 기타의 절연물로 피복한 것일 경우
(4) 저압용 기계기구에 전기를 공급하는 전로의 전원측에 절연변압기(2차 전압이 300[V] 이하이며, 정격용량이 (④) 이하인 것에 한한다)를 시설하고 또한 그 절연변압기의 부하측 전로를 접지하지 않은 경우

> **Answer**
> ① 300[V]　　② 150[V]　　③ 절연대　　④ 3[kVA]

408 ★☆☆☆☆
한국전기설비규정에 따른 지중전선로의 시설에 대한 다음 각 물음에 답하시오.
(1) 지중 전선로를 관로식 또는 암거식에 의하여 시설하는 경우에 아래 빈칸에 알맞은 내용을 적으시오.

> • 관로식에 의하여 시설하는 경우에는 매설 깊이를 (①)으로 하되, 매설 깊이가 충족하지 못한 장소에는 견고하고 차량 기타 중량물의 압력에 견디는 것을 사용할 것. 다만, 중량물의 압력을 받을 우려가 없는 곳은 (②)으로 한다.
> • 암거식에 의하여 시설하는 경우에는 견고하고 차량 기타 중량물의 압력에 견디는 것을 사용할 것

(2) 지중전선로에 사용되는 전선을 적으시오.
(3) 지중전선로를 직접 매설식에 의하여 시설하는 경우 매설깊이을 아래 빈칸에 적으시오.

시설 장소	매설 깊이[m]
차량, 기타 중량물의 압력을 받을 우려가 있는 장소	③
기타 장소	④

Answer

(1) ① 1[m]   ② 0.6[m]   (2) 케이블
(3) ③ 1   ④ 0.6

409
금속관 노출배관공사에서 관을 직각으로 굽히는 곳에 사용하는 재료의 명칭을 적으시오.

Answer

유니버셜 엘보

410
한국전기설비규정 중 전로의 중성점 접지 내용에 따라 중성점 접지의 시설 목적을 2가지만 적으시오.

Answer

① 전로의 보호장치의 확실한 동작의 확보
② 이상 전압의 억제

411
가로등 공사의 줄기초파기 등 현장 여건상 불가피하게 정규버킷대신 세미버킷을 사용하는 경우 버킷 용량[㎥]은 굴삭기 규격[㎥]의 몇 [%]를 적용하는지 적으시오.

Answer

50[%]

412
한국전기설비규정에 따른 지중전선 상호간의 접근 또는 교차에 대한 설명 중 (   )안에 들어갈 숫자를 적으시오.

> 지중전선이 다른 지중전선과 접근하거나 교차하는 경우에 지중함 내 이외의 곳에서 상호 간의 이격 거리가 저압 지중전선과 고압 지중전선에 있어서는 (①)[m] 이상, 저압이나 고압의 지중전선과 특고압 지중전선에 있어서는 (②)[m] 이상이 되도록 시설하여야 한다.

Answer

① 0.15   ② 0.3

413
다음은 특고압 가공전선로의 일부 평면도이다. ①~⑤의 명칭을 빈칸에 적으시오.

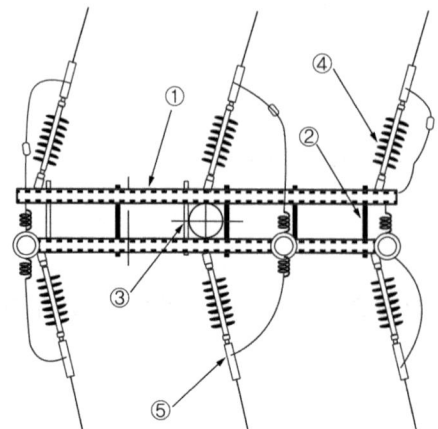

Answer

① 완금(완철)   ② 머신볼트   ③ 완금밴드
④ 폴리머현수애자   ⑤ 데드앤드클램프

414
다음 설명에 맞는 애자의 명칭을 보기에서 골라 빈 칸에 각각 적으시오.

	〈보기〉 LP애자, 현수애자, 인류애자, 핀애자
①	전선의 직선부분에 사용되며 애자의 꼭지홈이나 옆홈에 바인드선으로 전선을 잡아맨다.
②	특고압 배전선로의 지지물에서 내장이나 인류개소에 장력이 걸리는 전선을 고정하는데 사용되는 애자이고 클래비스형과 볼소켓형이 있다.
③	저압 가공 배전선로의 내장개소 및 인류개소에서 저압전선과 인입선을 고정 및 지지하는데 사용된다.
④	특고압 가공배전선로의 지지물에서 전선을지지 및 고정하는데 사용되는 장주용 애자이다.

Answer

① LP애자   ② 현수애자   ③ 인류애자   ④ 핀애자

415
다음 설명과 같은 조명방식의 명칭을 빈칸에 적으시오.

(1) ① 조명방식 : 벽면을 밝은 광원으로 조명하는 방식으로 숨겨진 램프의 직접광이 아래쪽 벽, 커튼, 위쪽 천장면에 쬐이도록 조명하는 방식
② 특징 : 실내면을 황색으로 마감하고, 밸런스 판으로 목재, 금속판 등 투과율이 낮은 재료를 사용하고 램프로는 형광램프가 적당하다.
③ 용도 : 분위기 조명에 이용된다.

(2) ① 조명방식 : 천장과 벽면의 경계구석에 등기구를 배치하여 조명하는 방식
② 특징 : 천장과 벽면을 동시에 투사하는 조명방식이다.
③ 용도 : 지하도, 터널에 이용된다.

(1) (   )   (2) (   )

Answer
(1) 밸런스조명 (2) 코너조명

416 비상조명등의 화재안전기술기준에 대한 내용이다. ①~⑤에 알맞은 내용을 ( )에 적으시오.
(1) 조도는 비상조명등이 설치된 장소의 각 부분의 바닥에서 (①)[lx] 이상이 되도록 할 것
(2) 예비전원을 내장하는 비상조명등에는 평상시 점등 여부를 확인할 수 있는 (②)을(를) 설치하고 해당 조명등을 유효하게 작동시킬 수 있는 용량의 (③)와(과) (④)을(를) 내장할 것
(3) 예비전원과 비상전원은 비상조명등을 (⑤)분 이상 유효하게 작동시킬 수 있는 용량으로 할 것

Answer
① 1 ② 점검스위치 ③ 축전지
④ 예비전원 충전장치 ⑤ 20

417 한국전기설비규정에 따른 고압 및 특고압의 전로 중 피뢰기를 시설하여야 하는 곳을 4가지만 적으시오.

Answer
① 발전소·변전소 또는 이에 준하는 장소의 가공전선 인입구 및 인출구
② 특고압 가공전선로에 접속하는 배전용 변압기의 고압측 및 특고압측
③ 고압 및 특고압 가공전선로로부터 공급을 받는 수용장소의 인입구
④ 가공전선로와 지중전선로가 접속되는 곳

418 다음 표에서 설명하는 금속관 공사에 필요한 부품 및 기구의 명칭을 빈칸에 적으시오.

①	전로의 인입공사에서 전선을 옥외에서 옥내로 인입할 때 빗물의 침입을 방지하기 위해 전선관 끝에 취부하는 부품
②	매입배관 공사를 할 때 직각으로 굽히는 곳에 사용하는 부품
③	노출배관공사에서 관을 직각으로 굽히는 곳에 사용하는 부품
④	금속관을 아웃트렛 박스에 취부할 때 관보다 지름이 큰 관계로 로크너트만으로 고정할 수 없을 때 보조적으로 사용하는 부품
⑤	무거운 기구를 박스에 취부할 때 사용하는 부품
⑥	금속 전선관을 상호 접속할 때 관이 고정되어 있기 때문에 돌려서 접속할 없는 경우에 사용하는 부품
⑦	전선의 절연피복을 보호하기 위해서 금속관의 끝에 취부하는 부품
⑧	금속관 말단의 모를 다듬기 위한 기구
⑨	금속관과 박스를 접속할 때 사용하는 재료로 최소 2개를 사용

Answer
① 엔트런스캡 ② 노멀밴드 ③ 유니버셜엘보
④ 링리듀서 ⑤ 픽스처스터드와 히키 ⑥ 유니온커플링
⑦ 부싱 ⑧ 리머 ⑨ 로크너트

419
옥내에 시설하는 저압 접촉전선을 절연 트롤리 공사에 의하여 시설하는 경우 표에 따라 시설하여야 한다. 다음 ( )에 들어갈 숫자를 적으시오(단, 지지점 간격 표에 관한 예외 조건은 무시한다).

[표 : 절연 트롤리선의 지지점 간격]

도체 단면적의 구분	지지점 간격
(①)[㎟] 미만	(②)[m] (굴곡 반지름이 (④)[m] 이하의 곡선 부분에서는 (⑤)[m])
(①)[㎟] 이상	(③)[m] (굴곡 반지름이 (④)[m] 이하의 곡선 부분에서는 (⑤)[m])

Answer

① 500   ② 2   ③ 3   ④ 3   ⑤ 1

420
수전전압 13.2/22.9[kV]에 진공차단기와 몰드변압기를 사용 시 이상전압으로부터 변압기를 보호하기 위해 사용하는 기기의 명칭과 해당 기기의 설치위치를 적으시오.

① 명칭 :
② 설치 위치 :

Answer

① 명칭 : 서지흡수기
② 설치위치 : 진공차단기 후단과 몰드변압기 1차측 사이에 설치

421
변압기의 기계적 보호장치를 3가지만 적으시오.

Answer

① 부흐홀쯔계전기   ② 방압안전장치   ③ 충격압력계전기